脾气好了病不找

主　编　隋　华　孔　梦
参编人员　黄砚平　梁丽娜　张博宇
徐宏光　马丽平　沈书文

中国纺织出版社有限公司

图书在版编目（CIP）数据

脾气好了病不找 / 隋华，孔梦主编 .-- 北京 ：中国纺织出版社有限公司，2020. 7（2024.5重印）

ISBN 978-7-5180-7169-2

Ⅰ.①脾… Ⅱ.①隋… ②孔… Ⅲ.①情绪-自我控制-通俗读物 Ⅳ.① B842.6-49

中国版本图书馆CIP数据核字（2020）第031446号

责任编辑：樊雅莉　　责任校对：寇晨晨　　责任印制：王艳丽

中国纺织出版社有限公司出版发行
地址：北京市朝阳区百子湾东里 A407 号楼　邮政编码：100124
销售电话：010—67004422　传真：010—87155801
http: //www.c-textilep.com
中国纺织出版社天猫旗舰店
官方微博 http://weibo.com/2119887771
北京一鑫印务有限责任公司印刷　各地新华书店经销
2020 年 7 月第 1 版　2024 年 5 月第 2 次印刷
开本：710×1000　1/16　印张：12
字数：134 千字　定价：49.80 元

前言

现代社会生活节奏越来越快，随之而来的是升学压力、就业压力、工作压力、社会竞争压力不断增加。同时，人们对精神生活的追求不断提高，这使得社会精神心理问题日益加剧，由精神心理问题引发的各种临床疾病也显得格外突出。人类情感活动与健康的关系，越来越受到人们的重视和关注。人类在经历了“传染病时代”“躯体疾病时代”后，已步入精神、心理疾病时代。

你可能觉得喜怒哀乐是正常的情绪变化，心情不爽发发脾气，心情抑郁狂吃一顿，无故被领导训斥回家冲家人发顿火，也不过如此。其实不是这么简单。研究表明，情志损伤与许多疾病的发生密切相关，精神情志因素是引发冠心病及癌症的一个极为重要的因素，特别是抑郁和难以摆脱的悲伤情绪，是患上癌症的危险信号。而且，情绪的好坏对疾病的发生、发展和转归也有极其重要的影响。

我们都知道《黄帝内经》为中医经典著作之一，其中有关情志理论方面的论述涉及30多个章节，把情志内伤作为使人生病的重要原因。而且，由于情感活动的复杂多变和难以复制，使情志致病理论成为近年来研究的热点和难点。现代医学模式也由生物医学模式转变为生物—心理—社会医学模式以及生物—心理—社会—环境的后现代医学模式。

我国古代的养生理念中强调“恬惔虚无，以致自然”。

这八个字告诉我们要学会掌控情绪，尽量让焦虑、迷茫、烦躁等负面情绪远离自己，锻炼强大的内心，保持“好脾气”，就算被欺骗、被误解、被辜负，也照样心平气和。这样做的结果，不仅能更好地解决问题，而且能让生活变得更轻松，还有益于保持身体健康、心灵美好，并能感染周围的人，让我们的生活更加美好。

所以，不要忽视你的情绪变化，要了解这些坏情绪对我们身心健康的影响，然后从积极的方面去解决问题，尽量保持平和的心态和稳定的情绪，这样我们的生活才能更幸福、更健康。

在此，预祝每一位读者都能拥有健康的体魄，知足常乐的心态和积极生活的正能量。

由于水平及能力有限，书中如有不足之处，请读者批评指正。

编者

2020年1月

注意：本书中关于中草药、中成药的介绍，仅供参考，请在医生指导下使用！

目录

PART 1 为什么坏心情容易引起疾病?

《黄帝内经》里说："百病生于气。"脾气不好的人急躁，爱发火，不但让人觉得不好相处，更为重要的是，这些负面的情绪还是重要的"致病原"。说到这，有人纠结了："我经常心情不好，怎么办？"人有情绪是本能，我们需要做的就是管理好自己的情绪，尽量让自己心平气和，情绪稳定，这样气血才会调和，自然就不会出现胸闷、头痛、血压高之类的表现了。

“怒伤肝，喜伤心，忧伤肺，思伤脾，恐伤肾。”

——《黄帝内经·素问·阴阳应象大论》

“病由心生”，坏心情会伤“身”

俗话说“病由心生”，意思是经常心情不好，处于忧虑、恐惧等不良情绪之中，就很容易被疾病盯上。也许有人会质疑，觉得生病不是细菌感染就是病毒感染，跟心情不好有什么关系？下面，就让我们一起聊一聊相关话题。

不受控制的情绪：身体患病的导火索

现代社会，生活节奏快、工作压力大，人们最爱说的一个字就是“累”，不仅累身更累心。生存压力让很多人越来越情绪化，有些情绪连自己都没意识到，但身体却早早地发出了“报警信号”，食欲不振、睡眠质量差、容易感冒等问题就开始冒出来了。

《黄帝内经》里说：“百病生于气也。怒则气上，喜则气缓，悲则气消，恐则气下，惊则气乱，劳则气耗，思则气结。”这里清晰地列举了怒、喜、悲、恐、惊、劳、思等所致的气机失调，说明人体大多疾病，都是由于脏腑、经络的气机失调导致的。明代张景岳在《类经》里说：“气之在人，和则为正气，不和则为邪气。凡表里虚实，逆顺缓急，无不因气而生，故百病皆生于气。”这句话的重点在于“百病生于气”。

中医认为，“气”是无形的，可感知而无法看到，无时无刻不在周身运动，具有温煦机体、防御外邪、固摄精微等多种作用。正是由于“气”广泛分布于全身无所不在，所以无论外感六淫之邪，还是内伤情志之郁，都能引

起“气”的机能失调，导致脏腑经络功能的紊乱，进而出现各种病症。

《素问 · 阴阳应象大论》：“人有五脏化五气，以生喜怒悲忧恐。”这里说的是七情对脏腑的影响与伤害。也说明，情志对人体来说，就是脏腑功能的外在表现。所以情志正常，脏腑功能就正常，人就健康无病；而异常、频繁的情志思维，就会使脏腑的功能受到影响，引发疾病。

坏心情如何成为“致病原”

在解释这个问题之前，我们一起来重温一下“杯弓蛇影”的故事吧。

从前，一个叫乐广的人在家里宴请朋友。乐广热情地招待朋友，请朋友喝酒。朋友举起杯子时，看到杯子里有什么东西在晃动，但他还是把酒喝了下去。回到家后，朋友越想越觉得那是一条蛇，而且越想越怕，最后病倒了，吃了几天药也不见好。乐广听说了之后去看他，在乐广的询问下，朋友吞吞吐吐地说：“那天在你家喝酒时，杯子里好像有条蛇！我感觉是我喝下的蛇在作怪！”乐广一听，很诧异，怎么会有这样的事情呢？于是马上回家仔细查看，终于找到了问题症结所在。接着，乐广又邀请朋友来自己的家里做客，让朋友继续坐在原来的位置上，像上次喝酒一样举起杯子，“看，是墙上挂的弓的影子，并不是什么蛇！”乐广把墙上的弓摘了下来，杯子里的“蛇”就消失不见了。“原来如此！”乐广的朋友心中的疑虑恐惧打消了，病很快就好了！

情绪是有生理学基础的，包括神经活动、内分泌和免疫的变化，还有细胞因子的变化。垂体后叶催乳素/加压素、内啡肽、多巴胺、苯基乙胺、去甲肾上腺素等激素在情绪变化时有波动，也就是说，情绪改变时，身体里有些激素是改变的，因此健康和疾病都跟心情密切相关。已经证明积极的人际关系如友谊、爱情、婚姻等，以及积极的生活方式如运动，与健康和长寿有关。

临床上会遇到很多患者说自己这不舒服、那不舒服，经过检查发现没有任何问题，结果回去之后不舒服就全消失了，说明心理因素直接会影响我们的身体。“杯弓蛇影”的故事就是告诉我们，很多病都是由心而生，说坏心情是很多疾病的罪魁祸首或者帮凶一点也不为过。

那么，坏情绪都包括哪些呢?

焦虑：几乎人人都有的“病”

焦虑已经成为现代人的一个特质，我们可以回想一下，年轻人焦虑挣钱不够多，买房买车压力大；中年人担心孩子学习不好未来没有出路，学习好又焦虑万一考不上北大、清华等名校怎么办；老年人替儿子、孙子焦虑。大到择业、婚姻，小到一日三餐，能令人们焦虑的事情简直不要太多。有研究显示，有焦虑情绪的人占人群的90%以上。

这些压力的来源，可以总结为几点：一是因过度担忧而焦虑，二是自我要求过高而焦虑，三是因为拖延而焦虑，四是因为人际交往而焦虑。总而言之，生活压力大，让我们怎能不焦虑？！

过度焦虑的后果是健康亮起了红灯，出现失眠、脱发、精力不集中，严重的头痛、胃痛，甚至出现心脏病、心源性猝死。

生气：你到底在气什么

关于爱生气，我们最熟悉的应该是《红楼梦》中的林妹妹了。林妹妹心气高、心思细密，心眼儿又不大，导致她可以生各种气，包括怨气、闲气、怒气、闷气、赌气，等等，其结果就是既伤心又伤身。

在各种生气里，最要警惕的就是怒气和闷气了。

生活节奏快，人们的压力大，火气也大，比如坐地铁挤到了人，却没有道歉，被挤的人可能就会怒气冲天，有的人会大喊大叫，这样做会导致脑供血不足，血压瞬间上升，容易引发脑出血、心肌梗死等。相对应的，另外一些人是闷葫芦的性格，总是压抑自己，经常受气却不敢发脾气，偷偷生闷气。长期生闷气，会造成气血不足，身体功能紊乱，引发甲状腺结节、乳腺增生等问题。

悲伤：有多少事值得伤感

每个人都有悲伤的情绪，“人有悲欢离合，月有阴晴圆缺”，聚散离合、花开花谢、身体小恙，等等，都会带来悲伤的情绪。悲伤袭来，心头上就像压了一块大石头，眼泪止不住地流下来，总是有这种情况的人，容易出现肺气损伤。另外，悲伤也是抑郁的源头，经常过于伤感，容易引发抑郁症。

综上，坏情绪是健康问题的导火索，应该引以为戒。

情绪病和身体病

情绪改变会引发疾病。在外界诱因的刺激下，人的七情变得异常，从而使气血、阴阳失调，脏腑不能正常工作，引发情绪病和身体病。

情绪病分为抑郁症、焦虑症、强迫症等。有一些人，本来性格开朗，但是不知不觉变得精神不振，情绪低落，失眠，没有胃口，没有精力，很消极，医学上称为抑郁症，还有人突然觉得胸闷，心悸，烦躁不安，吃不好，睡不香，心理医学上叫作焦虑症。还有的人，担心一些事情，反复思虑，常反复做某些动作，自己也认为没有必要，很无聊，但无法控制，因而痛苦，这是强迫症。

另外，过分担心自己的身体问题，怀疑自己得了某种病，医生检查发现没有问题，但患者仍然坚持自己有病，四处寻医，这叫疑病症。还有一种是恐惧症，如怕高，怕人，因此回避，深感痛苦，影响工作和生活。

生活中难免遇到不如意的事情，尤其是在快节奏、高压力的作用下，我们不知不觉就成了“炸药包”，沾一丁点儿“火星”就会爆发，被气得肝疼、头痛，吃不下饭、睡不着觉，严重的还会恶性循环，把健康搞得一团糟。糟糕的是还会埋下更严重的健康隐患，引起消化系统功能异常，比如消化性溃疡，长期腹泻或便秘，引起代谢系统异常，发生糖尿病等，甚至与肿瘤的发生也密切相关。

所以，情绪对疾病的发生、发展有重要影响。心情舒畅可以减少疾病发生，抑制疾病发展或者促进其转好；而坏的情绪则会加速疾病的发生或使其恶化，成为疾病发生、发展的诱因。要想少生病，就要管好自己的脾气，不让它“惹祸”。

情绪低落、焦虑和抑郁症不是一回事

很多人在出现心情不好，失眠、烦躁，心情低落等症状时，就会想我是不是患上抑郁症了？我想说，那你是多虑了。虽然现在抑郁症的发病率逐年升高，不代表着我们承受压力后的不开心、情绪低落，甚至焦虑，就是抑郁症了。

抑郁是长期的，几年或是几十年，都有可能潜伏在你的身体内，影响你的健康。你可能在某个节点就突然出现了抑郁的状况，过一阵好了，然后又反复不停地出现，而且靠我们提到的各种如运动、心理咨询、中医养生，仿佛都收效有限。而情绪低落、焦虑等一般只是一时的，多是因为某件事导致的失望，情绪低落，当你把这件事情解决了，或是睡一觉情绪缓和了之后，你就又会恢复元气了。

如果你经常感到绝望、做什么事情都没有兴趣，任何事都不能让你快乐，任何事情都不能专心去做；情绪低落持续很长一段时间；莫名伤感，看不到希望；时不时会有自杀念头或活着没什么意思的想法，那就要小心了，是不是抑郁症来袭。这个时候一定要去正规医院就诊，去接受正规的治疗，并寻求亲人、朋友的帮助和理解。虽然它很可怕，但是它也害怕“爱”的力量和医学的神奇魔力。

在这个竞争激烈的时代，我们越发追求完美。工作上、生活上都希望不断精进，但却经常忘记照顾自己的身体和情绪，往往只是在社会新闻出现“猝死”这个字眼的时候静默几分钟，转发几篇养生文章到朋友圈。但也仅此而已，该奋不顾身追求名利，也依旧不顾发际线的倒退。

当我们走得太快时，请适时停下来，像朋友一样友善地对待自己，“自我关怀”。请多读几遍下面的话：

请找到平静的心，接受我们无法改变的事情；

请找到内在勇气，去勇敢改变我们能改变的事情；

请努力增长智慧，遇见更好的自己。

“安心是药更无方”，养身先养心

《黄帝内经·素问》里说：“心者，君主之官，神明出焉”“主明则下安”“主不明则十二官危”。心是五脏六腑的君王，在“君王”的指挥下，我们身体的各个部分分工协作，有条不紊地发挥各自的功能，例如肺负责呼吸，胃的功能是研磨食物，小肠主要负责对精细食物的消化，大肠负责排毒，等等。如果心境泰然，神志安定，充满乐观和自信，五脏六腑之间就会彼此协调，身体也就自然没什么大病。但是，如果心情不好，情绪大起大落，就会影响到五脏六腑的协作，还有可能彼此打架，时间久了，超过身体可承受的负荷，疾病就自然而然找上门来了。

另一个方面，心主血，而中医认为“心不定则气不顺，血不畅则百病生”。心情不好，气机的正常运作秩序就会被扰乱，气血脱离了原先的轨道，像野马似的在身体里乱窜，或气血上涌，或肺气上逆，或气血不足等。气血运行出现了问题，瘀血就很容易滞留，久而久之各种慢性病就纷至沓来。像颈椎病、脑出血、高血压等疾病的形成，跟气血紊乱都脱不了干系。所以中医防病治病，都讲究疏通血脉，而心情好有助于气顺血畅，气血通畅起来，身体自然就会健康。

现代医学也证明，心情和健康有着极为密切的联系。好的心情能让人体的各项功能维持在最佳状态，而坏心情对身体健康的不良影响比比皆是，比如，人在愤怒时心脏会骤然收缩，血液流动加快，血压也会快速升高，严重的还有可能导致血管破裂或堵塞；总是闷闷不乐，会影响到胃口，吃不下饭，时间久了容易得胃病等。

唐代药王孙思邈认为“安心是药更无方”，可见情绪的重要性。所以，我们要重视一个问题：心理因素对身体健康影响很大，坏心情可能是一些疾病的“致病源”，养身要先养心！

快乐的心情能降低痴呆症风险

随着老龄化社会浪潮的来袭，相信痴呆症已成为很多老人心中所恐惧的疾病之一。这种病主要是由阿尔茨海默病（老年痴呆）或中风等多种影响大脑的疾病和损伤所引起。痴呆症是一个迅速加剧的公共卫生问题，影响到全球约5000万人，而且仍在以每年1000万人的速度递增新病例，预计2030年痴呆症患者总数将达到8200万，2050年将达到1.52亿。

从很多公益广告中，我们也多少了解到一些痴呆症的表现，患病后患者的记忆被一点点蚕食，是非常折磨人的一种疾病，给患者及其家属都带来沉重的经济压力和精神痛苦。

虽然目前全世界都没有治愈痴呆症的方法，但是也不是毫无办法，通过主动管理来改变危险因素，可以推迟或延缓痴呆症的发生或进展。世界卫生组织发布的降低认知衰退和痴呆症风险的新指南，给出了9个方面有效的干预措施，能够有效降低认知能力下降或痴呆症风险。这些干预措施包括适当运动，营养均衡，戒烟戒酒，体重管理，血脂、血压、血糖管理等内容。保持心情舒畅，避免各种不良情绪也是一项重要内容。良好的情绪有利于神经系统与各器官、系统的协调统一，使机体的生理代谢处于最佳状态，从而反馈性地增强大脑细胞的活力，对提高脑力，减少痴呆的发生有帮助。

生病总不好，也跟“心情”密切相关

平时给患者看病，除了交代一些饮食、生活上的注意事项外，笔者总会叮嘱一句：“尽量保持好的心情，病才好得快。”因为生病需要“三分药七分养”，其中的“养”就包括一条——安心静养，心平气和，心情舒畅，有助于疾病的恢复。

闷闷不乐vs好心情，哪个更好?

生病时身体很难受，还让人保持好心情，真是挺难为人的。但总是闷闷不乐，不但不利于疾病康复，还有可能加重病情，因为闷闷不乐会影响“气”的运行。

五脏六腑之中，肝跟“气”的联系最为密切。《黄帝内经》中指出“肝主疏泄”，人体全身的津液精血输布，以及各脏器“气”的正常运行，都需要肝气的帮助。如果总是闷闷不乐，心情不舒畅，气就会凝结，时间久了就会出现气郁，影响血液的输布和营养的输送，使气郁所在的脏器得不到足够的营养，就会出现胀痛、功能下降、胸闷、血压升高等情况。对于生病的人来说，这种情况可不妙。因为生病了，身体功能本来就比平时弱，这时需要的是“强心针”，提高身体功能，增强抵抗力，才有力气跟引发疾病的细菌或毒素“战斗”。但是，郁闷的情绪却是“反其道而行之”，让身体功能比之前更弱，还有可能带来新的“麻烦”，想想，在这种情况下病能好起来吗?

所以，与其生病了闷闷不乐，不如尽快调整，积极乐观地面对，保持好心情。可不要小瞧了好心情的作用，著名医家石天基《祛病歌》里说：“病一作，心要乐，病都却。”也就是生病的时候保持良好的心情和相信疾病定会痊愈的信心，疾病自然容易治愈。对健康人群来说，疾病也会望而却步，不会找上门。生病的时候会觉得身体不舒服，而好的心情有转移注意力的作用，能帮助患者把注意力转移到自己喜欢的事情上去，暂时忘记身体上的不适。另外，心情好，肝气就顺，身体的气机运转在肝气的作用下变得正常起来，五脏六腑就会“精诚合作”，发挥良好功能，加快新陈代谢，提高免疫力，促进排除毒素，这对促进疾病痊愈，效果可是非常好的。

笑，也是一剂灵丹妙药

生病时那么难受，怎么保持好心情呢？笔者的建议是：看一些笑话，听听有趣的相声，让自己多笑笑。

说到笑，笔者想起了自己曾经看过的一本书《五百分之一的奇迹》。这本书的作者是美国加利福尼亚大学的诺曼·卡兹斯教授，他在40多岁时患上了胶原病。胶原病是一种结缔组织疾病，这种疾病康复的可能性比较低，只有五百分之一，目前为止还没有特别好的治疗方法。而诺曼·卡兹斯并没有因此而郁闷不已，他积极乐观地面对，经常看一些滑稽有趣的文娱体育节目，或者自己找乐子，让自己笑起来。最后奇迹发生了，他的身体慢慢康复了，后来他把这个经历写成了书。

也许有人会怀疑：笑真的有这么大的作用吗？其实，无论中、西医，笑都被认为是一种治疗机制，是一剂“灵丹妙药”。人在笑的时候，尤其是放声大笑，能使脸颊部、身上的肌肉得到放松，精神上也得到放松，有解闷的功效。而且笑的时候，我们的呼吸加深了，使心、肺、胸、腹部得到充分的舒展，使血液循环加快，还能激活人体的免疫细胞，增强免疫力。

研究还发现，人在笑的时候脑垂体会分泌天然麻醉剂，能让人暂时忘记疼痛，所以在一些国家，笑疗已经成为一些疾病的辅助治疗手段。所以，生病了心情不好，不妨让自己多笑笑。

PART 2 心情不好，消化系统先报警

胃肠道被认为是最能表达情绪的器官，心理上的点滴波动它们都能未卜先知。相信每个人都有类似的经历，生气的时候你会说："气得饱了，气得不想吃饭，气得胃疼。"以脾胃功能为代表的消化系统，是机体赖以生存的基础。中医更是把这个系统称为"后天之本"，意思是它是我们能够生存的根本所在。消化系统功能的正常与否，直接影响身体的健康安定。而负面的情绪，通过跟脏腑的直接联系影响身体里"气"的正常运行，最容易损伤的就是消化系统，可以说是立竿见影。这就是很多人一遇到紧张焦虑的状况就会胃疼或腹泻，压力大的时候根本吃不下饭的原因。司机、警察、记者、急诊科医生等易受紧张情绪影响的人群，患胃溃疡的比例最大。

“故美其食，任其服，乐其俗，高下不相慕，其民故曰朴。”

——《黄帝内经·素问·上古天真论》

气得胃痛？原来都是“心病”

以前常听老人们说被谁气得胃痛，我总以为是口头禅，后来学医了才知道，生气真的会诱发胃痛！再后来当了医生，也经常接诊不少因为情绪问题导致胃痛的人。为什么生气会诱发胃痛呢？且听笔者慢慢道来。

不开心，胃也有“脾气”的

生活中我们都有过这样的体验：心情好时胃口大开，吃嘛嘛香；不高兴时胃口往往也不好，就算最美味、最爱吃的食物摆在眼前也不想动筷子；生气时别说吃东西了，总感觉有股气在胃肠道里乱窜……胃肠功能的这些表现，其实都是我们情绪的“晴雨表”。

也许有人会说：“胃是消化器官，跟情绪有什么关系？”从生理角度来说，胃可不单是消化器官那么简单，它拥有数量相当多的神经细胞，胃肠的蠕动、各种消化液的分泌，都是在这些神经细胞的支配下进行的。人心情好时，胃的神经细胞就比较活跃，消化液会大量分泌，胃肠蠕动也加强，从而使人胃口变化，消化活动也比较顺利。

人也有心情不好的时候，比如上了一天班，回来看到家里乱糟糟的，老公“瘫”在沙发上玩手机，孩子调皮捣蛋各种“拆家”，怒从心起，一股气窜进胃里，使胃里的神经细胞也变得“紧张兮兮”的，很容易引起胃肠痉挛、胃胀胃痛。

不单是生气会引起胃肠不适，长期“鸭梨山大”也让你的胃变得“不堪重负”。想想看，胃里的神经细胞并不是孤立的，它们跟我们身体里的其他神经系统是连着的。总是压力大，有忙不完的工作，有处理不完的事情和烦恼，不仅会心累，胃里的神经细胞也会累，它们累了就会“罢工”，导致胃酸分泌变少，胃肠蠕动减少，胃肠功能变得低下。人在充满活力时会需要更多的能量才能满足身体的消耗，胃肠也是这样的，功能强则胃口好，功能低下胃口就自然变得不好了。胃口不好，不想吃饭，身体得不到足够的能量，活力就会更加低下，如此形成恶性循环。

不要觉得笔者是在危言耸听，生活中可是有实际案例的：笔者接诊过的杨女士因为生意上的不顺和家庭上的压力，每天总是很焦虑，睡眠也不好，脾气也变大了起来，动不动就发火，胃口也不好，还经常觉得上腹胀痛、反酸，严重时有心慌、头痛等症状。她曾经吃过一些胃药，胃病也得不到缓解。后来笔者给她做了详细检查，结合她的具体情况，发现是“功能性胃病”，这种胃病最大的特点就是受情绪的影响。对于这种胃病，最好的药就是好心情。

心平气和，挖去坏心情这个“毒瘤”

按惯例，以上“药方”——尽量保持心平气和，是养胃健脾的关键方法。从中医的角度来说，人体有五脏六腑，分别与木、火、土、金、水五行相对应，而脾胃互为脏腑，五行都属土，按照生克关系，木克土，属木的脏腑是肝胆，肝（木）的条达，可以疏泻脾（土）的壅滞。生气发火也好，心情郁闷也好，都会影响到肝的条达，使肝火旺盛，肝木克脾土，使脾胃不舒服，出现胃胀胃痛等症状。所以，要预防和缓解因为坏心情诱发的胃病，关键在于保持好心情。

现代人压力这么大，“顺心的事”不多，那么就尽量保持心平气和吧。比如，每当自己“气饱了”或者“气得胃痛”时，不妨提示自己，为了自己和家人的健康幸福，不生气，生气并不能解决问题，应该先冷静下来，喝杯水，想想有没有什么解决问题的办法。实在是气不过，也不要憋着，到空旷的地方大喊几声发泄发泄，或者做点其他事情，例如去跑跑步，做做瑜伽，游个泳，转移下注意力，都能帮助你平静下来。

俗话说“越想越纠结”，“功能性胃痛”的人可能越想着让自己心情好，越容易钻在“牛角尖里走不出来”，变得更加焦虑。对于这种情况，笔者的建议是调整好心态，放松一些，给自己减轻压力，不要总想着这件事情，必要的时候医生会开一些胃药或者对症处理的抗抑郁、抗焦虑药物，也有可能安排心理治疗，这时一定要配合医生进行。

吃好喝好养好胃

说完心理上的，再说说生活上的注意事项。胃是消化食物的器官，因而胃不舒服的时候吃一定要“讲究”了，要吃好喝好。笔者所说的吃好喝好，并不是指大鱼大肉或者什么大补汤，而是指对胃肠好的食物。比如山药、扁豆、莲子、百合、红枣等，这些食物有疏肝健脾养胃的功效；还可以吃富含蛋白质、维生素的食物，如猪瘦肉、牛肉、鸡肉、鱼虾等，这些食物可以提高身体抵抗力，也有助于恢复胃里神经细胞的活力；小米粥、南瓜粥、山药排骨汤之类的汤粥也不错，容易消化，能给胃肠减负，等等。

胃痛的时候，首先，有一些食物一定要拉入“黑名单”的，如辣椒、芥末等辛辣的食物和酸菜、腌萝卜等味道比较强烈的食物，它们会刺激胃肠黏膜，加重胃痛；其次，一定要忌烟酒。另外，芹菜、萝卜之类的含纤维多的食物，虽然能促进胃肠蠕动，促进排便，但因为纤维多，使得胃肠的工作量加大，所以胃痛的时候要少吃这些食物，等胃不痛了再慢慢加量。

陈皮玫瑰茶，肝气顺了，胃也不痛了

生气了会胃痛，其实就是肝气“炸毛”了，你需要做的就是理顺肝气，笔者推荐陈皮玫瑰茶。陈皮玫瑰茶的做法很简单：取适量的陈皮和干玫瑰花，开水冲泡15分钟就可以饮用了。陈皮具有理气健脾、化痰的功效，干玫瑰花具有和缓情绪，调理肝、胃的功效，它们合在一起，对于生气引起的胃痛具有很好的调理效果。女性朋友经常喝陈皮玫瑰茶，对改善气色也有帮助。

捶捶按按，消除胃肠浊气

拍拍打打足三里

总是生闷气或者被气得胃痛，可以使用揉小腿的方法来缓解。方法：坐在凳子上或床上，弯腰从上到下来回搓揉或捶打小腿外侧10分钟以上，同时配以深呼吸，让自己平静下来。在小腿的外侧，有一个特殊的穴位——足三里，前面我们也有所论述，它距髌骨外侧下方凹陷四指宽，它是胃经上的穴位，生气导致胃胀胃痛时按摩它，有消除胃肠浊气，有顺气的作用。

学会按压太冲来消气

经常生闷气、焦虑、心烦的人，可以按摩足背。在足大趾和二脚趾之间，足背的1/2处，有一个“消气穴”——太冲穴。太冲穴属于肝经，经常按摩，每次按摩3～5分钟，能让人变得神清气爽、心平气和，对预防和缓解生气引起的胃痛有助益。

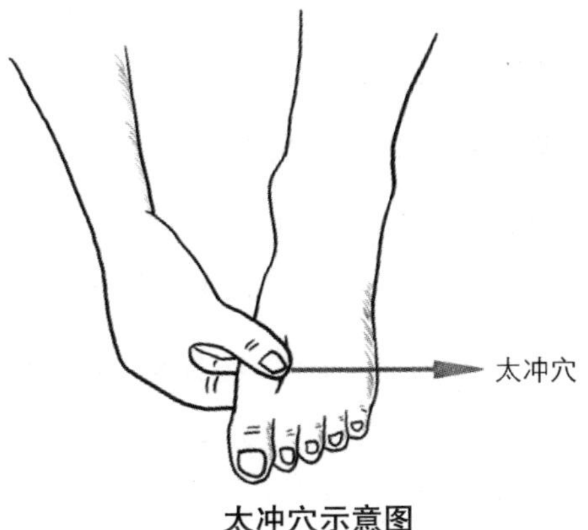

太冲穴示意图

按摩劳宫清火气

“凡事预则立”，重点还是在预防——控制好自己的情绪。控制情绪的方法很多，比如在快要发火时，可以可轻握拳头，用中指抠自己的掌心处1～2分钟，这里是劳宫穴的所在位置。劳宫穴是心包经上的要穴，心包经对心脏起着保护作用，经常按摩劳宫穴可起到清心火的作用。工作压力大，总是心累身累的，也可以按摩这个穴位，或者手掌相对摩擦掌心，能加快血液循环，消除疲劳，使神经系统和胃里的神经细胞变得活跃起来。

按摩劳宫

揉肚子、强脾胃

有胃痛、胃胀、胃酸过多，有时甚至出现呕吐的人可以刺激按摩身体上的中脘穴，能够起到非常好的和胃降逆、健脾利水功效。临床发现，中脘穴对于一切跟胃肠相关的疾病都具有非常好的治疗效果。该穴位在人体的上腹部，沿前正中线由神阙穴开始垂直向上量4寸，即是中脘穴的位置。刺激中脘穴可以采用按揉的方式，用示指和中指二指并拢，二指共同用力，按压在中脘穴上，慢速均匀地进行旋转按揉，每次按揉中脘穴50～100次，每天按揉一次。

中脘穴

神阙穴

“仙人揉腹术”保你气顺胃口香

“解衣摩腹西窗下，莫怪人嘲作饭囊。”这是宋代大诗人陆游的诗句，他寿至85岁，在古代算是老寿星了，揉腹就是他的养生秘密之一。

腹部被喻为“五脏六腑之宫城，阴阳气血之发源”“揉腹”早在唐代名医孙思邈时候就已经有了，据记载孙思邈常以“食后行百步，常以手摩腹”作为自己的养生方法。老中医常说，每天揉腹三次，胜吃人参一支！如果身体倍儿棒，那就当作一种养生长寿的方法，对身体肯定好！此外，坚持揉腹还可迅速消除积存在腹部的脂肪，有助于腹部的减肥。

第一步：按揉心窝部

两手缓缓上提，在胸前两手中间三指（示指、中指、无名指）并拢按在心窝部位（即胸骨下缘下柔软的部位，俗称心口窝的部位），按右→上→左→下沿顺时针方向做圆周运动，按摩21次。再从右向左逆时针方向按摩21次。

第二步：回环按摩腹中线及腹两侧

用两手中间三指从心窝向下顺揉，一边揉一边走，揉至脐下耻骨处为止，循环做21次。用两手中间三指从耻骨处分别向两边揉，一边揉一边走，揉至心窝部两手汇合处为止，循环做21次。

第三步：推按腹中线部位

以两手中间三指并拢，由心窝腹中线部位推下，直推至耻骨联合处，共21次，用两手中间三指从心窝向下，直推至耻骨处21次。

第四步：右手绕脐腹按摩，左手绕脐腹按摩

以右手由右→上→左→下，按顺时针方向围绕肚脐摩腹21次。以左手由左→上→右→下，按逆时针方向围绕肚脐摩腹21次，

第五步：推按左侧胸腹，推按右侧胸腹

左手做叉腰状，置左边肋下腰肾处，拇指向前，四指托后，轻轻捏住，右手中三指按在左乳下方部位，然后以此为起点，直推至左侧腹股沟（俗称大腿根）处，连续推按 21 次。右侧同法操作。

值得注意的是，各种养生方法都是贵在坚持，希望大家持之以恒，一定会收到意想不到的效果。

开启耳朵上的健康密码：耳穴按摩养脾胃

我们的耳朵不只能听声音，还会说话，它能告诉我们身体的健康状况。

耳朵上分布着很多穴位，与人体的内脏器官有着密切联系，内脏疾病时，耳廓上会在相应位点出现隆起、结节、血管充盈等表现。耳廓相当于倒

置的胎儿，按摩耳廓如同做全身按摩，耳轮具有皮肤代谢环、微循环环、防卫免疫环、周围神经环、运动环5环的功能，对其进行按摩可以打开内分泌系统的能量管道，笔者在临床上会结合放血，再进行贴压，效果往往事半功倍。

笔者所在科室，在多年的临床工作中应用耳部大周天按摩和小周天按摩。小周天的按摩改善内分泌环，见下图右图，按逆时针方向快速做环形按摩，可以改善内分泌腺体功能。大周天为耳轮环的按摩，见下图左图，方法为轻柔、快速向外上方提拉外耳廓，能改善神经系统、运动系统、免疫系统功能。5分钟的按摩会给您带来很奇妙的体验：1分钟时兴奋表达，3分钟时安静享受，5分钟时肩背潮热。帮您打开能量管道，改善消化系统问题。

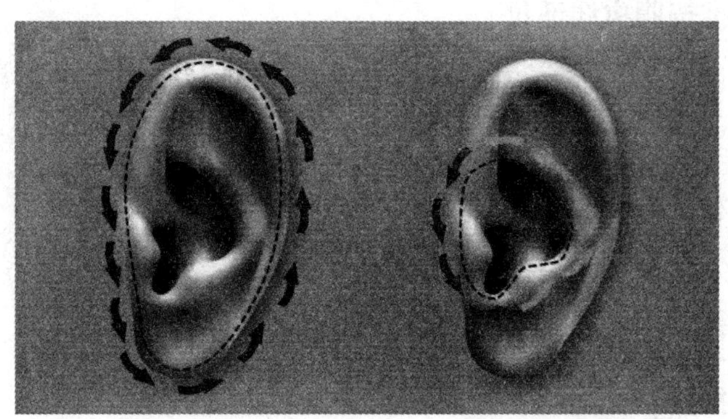

大周天示意图　　小周天示意图

奇怪！心情不好也会拉肚子

写到这个题目时，笔者想到了以前收到过的一封邮件。邮件里说：

大夫，您好。我今年40岁，不知道为什么这两年经常有腹痛、腹泻的症状。我去医院做过粪便化验、肠镜、胃肠钡餐等检查，都没发现异常，也吃了不少抗菌、抗病毒和止泻的药物，也不见效。后来，我发现一个问题，就是每当心情不好，比如被孩子气着了，或者是觉得压抑、烦躁的时候，腹痛、腹泻的症状就会加重。请问这是为什么呢？

也许有些读者看出来了，发这封邮件的朋友可能患了“肠易激综合征”。“肠易激综合征”被认为是一种心身疾病，简单来说就是长期的精神紧张、抑郁焦虑、烦躁易怒、恐惧不安等负面情绪，使机体的自主神经功能发生紊乱，肠蠕动与内分泌功能失调而形成的腹痛、腹泻、腹胀等一系列症候。

“肠易激综合征”在中医学里属于“泄泻”“腹痛”范畴，又因为病机与情志有关，就把它归纳到“郁证”范畴。在中医看来，忧思伤脾，或者情志失调、食滞气郁，导致肝气郁结。肝属木，喜条达，而肝郁不达，肝气乱窜横逆犯胃，就会使脾胃升降失职，小肠失去分清泌浊的功能，大肠也无法正常传导，最后造成腹泻。

那么，对于这种腹泻，应该怎么预防和缓解呢？笔者的建议是：疏肝、健脾胃加养心，三管齐下。也许有人会问：腹泻跟情志失调引起的脾胃虚弱有关系，需要疏肝、健脾胃，但跟养心有什么关系？《类经·疾病类·情志九气》中说："情志之伤，虽五脏各有所属，然求其所由，则无不从心而发。"心主神明，也就说它主宰人的情志活动，生气愤怒、忧思抑郁等情绪，都是心"受伤"了。

肠胃病以喜为补

对于与情志也就是与心情密切相关的腹泻，比如"肠易激综合征"，调理的最好方法就是从源头上解决问题——让自己高兴起来。心在志为喜，心情愉悦、舒畅是良性刺激，有助于心之行血功能正常，推动全身血液运行。五脏六腑得到足够的气血濡养，自然"精诚合作"，身体上的小毛病也就自然缓解了。

还有一点，就是我们的肝很"娇气"，喜条达而恶抑郁，心情愉悦、舒畅有助于肝气升发正常，而肝气的作用就是输布气血，促进脾之升清、胃之和降，使脾胃健运。脾胃变得"壮壮"的，腹泻、腹痛自然也就慢慢走远了。

啰哩啰嗦地讲了这么多，有人会问了：那我怎么让自己高兴起来？呃，笔者有点儿词穷了。让自己高兴起来的方法因人而异，比如看笑话、听音乐、做瑜伽，等等。对了，我漏了一点：防患于未然，预防比治疗更重要。一时的心情不好，对身体的影响可能没那么明显，因而"肠易激综合征"多是长期积累而引发的。如果注意观察，相信你能摸清自己心情不好的诱因和规律，不妨从源头上入手。比如辅导孩子写作业，总忍不住大吼，那就把这一任务交给爱人来做，给自己放放假，听听音乐、看看书，让自己放松下来；工作上遇到难以解决的问题了，放下面子"麻烦"一下同事，集体的智慧很强大的，说不定一下子就解决了呢，是不是比自己在那里冥思苦想、郁闷烦恼要强？

合理饮食，为脾胃保驾护航

被"肠易激综合征"盯上，最容易受伤的莫过于脾胃了。先是承受肝气的“坏脾气”，接着腹泻、腹痛又来“补一刀”，使脾胃变得更加虚弱。所以在发病期间，要合理饮食，保护好脾胃，避免“二次受伤”。

首先需要远离辛辣刺激性、过分油腻和生冷的食物。腹泻时吃辛辣刺激性的食物或者喝酒，都无异于在伤口上撒盐，将加重腹泻。过分油腻的食物需要脾胃用更多的“力气”来腐熟运化，腹泻时脾胃本来就虚弱，它还有能力负担这多出来的“工作量”吗？生冷的食物就更不用说了，不仅会刺激胃肠黏膜，加重腹泻，而且中医认为它会耗损脾阳，使脾胃变得更加虚弱。

上面啰嗦了一通，潜台词就是——清淡规律饮食。在腹泻期间，可以吃一些流质或半流质的食物，如大米粥、小米粥、面片汤、软面条之类的，这些食物容易消化，能给肠胃“减负”，使它们有更多的时间休息。说到这里，需要提醒大家一下，高蛋白食物如瘦肉、鱼、鸡蛋之类的就暂时不要吃了，这些食物虽然营养好，但对于腹泻之人的肠胃来说也是“甜蜜的负担”。

对付腹泻的食疗小妙招

苹果泥，唾手可得的“止泻药”： 苹果1个，洗净，放入碗中隔水蒸熟，凉至温后食用即可。苹果肉含有的纤维比较细，对肠道的刺激小，非常适合腹泻时食用。另外，苹果中所含的果胶鞣酸具有吸附和收敛的作用，对单纯性良性腹泻有缓解作用。

山药糯米粥，健脾止泻：糯米30克，山药15克，胡椒粉、白糖各适量。糯米略炒，然后与山药一同下锅，加适量水煮粥，待熟后加胡椒粉及白糖调味即可。佐餐食用。山药营养丰富，具有补脾胃、益肺肾的功效，是病后食补的佳品，搭配健脾暖胃、补虚补血的糯米一起煮粥，对脾胃虚寒的腹泻有帮助。

健脾益气粥，从源头补起：生黄芪10克，党参10克，茯苓6克，炒白术6克，薏米10克，大米200克，大枣20克。生黄芪和炒白术纱布包好清水浸泡，党参和茯苓都是可以吃的，蒸软后切成小颗粒备用，薏米泡软备用。大米、大枣放入浸泡药材包的清水加上薏米熬熟，取出纱布包，加入党参和茯苓再煮5分钟就可以了。这个粥方适用于脾气亏虚的各类人群，可作为保健之用。

“多喝水”，水是万能的“药方”

生病了，亲朋好友总会说：“多喝水。”多喝水简直就是一剂万能“药方”！是的，腹泻的时候也要多喝水，因为腹泻使身体流失很多的水分和电解质，不及时补充容易造成缺水和电解质紊乱。另外，对于经常生气、紧张的人来说，心情不佳时慢慢喝上一些温开水，甚至是淡淡的糖盐水，能帮助平复情绪，对缓解腹泻以及腹泻带来的不适都有助益。

还可以喝一些胡萝卜汁、苹果汁等果汁（注意：要喝温的），不仅能补充水分，它们也是很好的“补品”，可以补充必需的维生素。如果一天腹泻的次数超过5次，最好去医院检查，必要的时候医生会开补液盐，补液盐含有氯化钠、氯化钾、葡萄糖和枸橼酸钠，是补充电解质的好帮手。

上面只是腹泻的一些调理方法，腹泻比较严重的还是需要到医院检查，看是否有其他方面的因素。笔者要特别提醒大家一点，不要盲目吃抗生素和止泻药，也不要因为是不良情绪引起的就自行吃抗抑郁、抗焦虑的药物。是药三分毒，需要服什么药，吃多少，怎么吃，一定要遵医嘱。

引导性音乐想象使脾胃健运

中医认为，人的忧虑情绪是通过脾来表达的，当人处于忧虑状态时，往往会有食欲下降、消化不良等症状。在《灵枢 · 邪客》中有音乐辅助治疗疾病的记载："天有五音，人有五脏；天有六律，人有六腑。此人之与天地相应也。"《寿世保元》中说："脾好音乐，闻声即动而磨食"。优美舒缓的音乐可以促进脾胃运化，促进人体对食物的消化吸收。

笔者在临床工作中总结了一些关于引导性音乐想象的辅助治疗方法，在慢性病管理及减轻患者疼痛、消除心理不适感、缓解慢性疾病所致的焦虑抑郁症状方面有帮助。建议平时多听舒心灵动的轻快曲子，或旋律古朴、节奏比较平稳的古典音乐，借助音律的力量纾解压力，同时配合引导性想象效果更佳。

引导性音乐想象是在音乐治疗基础上，通过引导词引导患者进行想象，想象的内容通常是美好的大自然情景和良好的自我体验，音乐过程中配有指导语。可以达到减轻或消除焦虑、紧张或抑郁，建立和强化安全感、放松感，从而提高患者自我效能的目的。笔者也录制了两段引导性音乐，读者可以扫二维码收听，如果能坚持下去，相信对改善脾胃功能，减轻疾病有帮助。

穴位按摩小贴士

"足三里"——一个你必须认识的养生要穴

众所周知，足三里是一个重要的保健穴位，它位于小腿外侧，膝盖凹陷处往足踝方向向下四指宽的位置。经常按摩足三里可以起到很好的补中益气、疏通经络、扶助正气的效果，尤其适用于各种消化系统疾病。它除了可以促进食欲、调节循环以外，对于大脑细胞的功能也有很好的调节以及恢复作用。按摩足三里具有很好的镇静安神作用，对于失眠以及烦躁有着很好的治疗作用，尤其是因为过度思虑，心脾两虚引起的失眠，针刺足三里有很好的治疗效果。

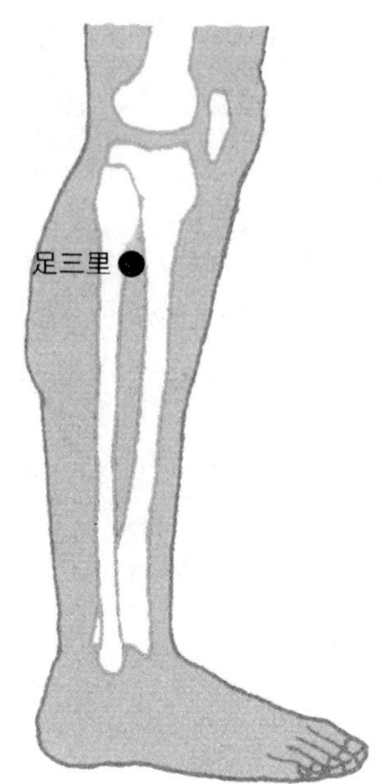

足三里示意图

另外，灸足三里是古今医学大家和养生家都推崇的养生方法。足三里穴能调整消化系统，使其功能更加旺盛，吸收营养增加能量，对全身各系统都有强壮作用。灸足三里几乎适合所有人，尤其是具有消化系统疾病的人，如胃十二指肠溃疡、急性胃炎、胃痛、 呕吐、呃逆、便秘及亚健康人群。

每天用拇指或中指按压双侧足三里穴1次，每次每穴按压5～10分钟，每分钟按压15～20次，注意每次按压要使足三里穴有针刺一样的酸胀、发热的感觉。

神阙穴：人体的命根子

神阙穴也就是肚脐，这可是一个不容小觑的重要穴位。神，指元神；阙，指宫阙，这就是一个住着我们身体元神的部位，可见其重要性。神阙穴是心肾交通的门户，具有培元固本、回阳救逆、和胃理肠的功效。因为神阙穴是胎儿在母体内连接脐带的位置，比较脆弱，所以这个穴位一般不用针刺，多用灸法，平时养生一定要保护好这个部位，不要让它着凉。如果艾灸时在艾柱下方放上盐，这种方法称为隔盐灸。这种灸法除了治疗疾病的相应不适症状外，还可以带来腹部温暖的感觉，让人身心愉悦，具有培元固本的作用。

神阙穴

烦躁焦虑引发溃疡

小王是笔者的邻居，他说患上口腔溃疡已经一个星期了，吃了药不但不好，还有加重的趋势啊，而且他最近一段时间总是莫名其妙地烦躁，经常想发脾气，看见不顺眼的就会很不爽，想骂人，他周围的朋友说这是心情不好造成的，他问我，这是真的吗？

口腔溃疡的真面目

口腔溃疡俗称“口疮”，是发生在口腔黏膜上的浅表性溃疡，从米粒至黄豆大小不等，呈圆形或卵圆形，溃疡面凹陷，周围充血。口腔溃疡发生的部位多为口腔黏膜及舌的边缘，常是白色溃疡，周围有红晕，十分疼痛，特别是遇酸、咸、辣的食物时，疼痛加重。通常，口腔溃疡会在7～10天内自行痊愈，但有的人病情会反反复复，时好时坏，从而影响生活，令人困扰。中医认为，口腔溃疡主要因情志过激、过度疲劳等引起气郁化火、 心火上攻，或久病火热灼阴津而发病。

如此说来，口腔溃疡的发生的确与不良情绪有着千丝万缕的联系。一旦出现了口腔溃疡，就要反思一下，自己最近是否有情绪问题，比如持续的焦虑、压力大、心情抑郁，等等。而且要从各方面调理，避免溃疡反复发作。

得了口腔溃疡，这些细节要注意

不管什么原因引发了口腔溃疡，都要从多方面加以调理，比如饮食宜清淡；大量补充水分；多吃富含B族维生素的食物。口腔溃疡患者宜多吃有清心泻火、养阴清热、益气健脾作用的食物。多吃牡蛎、动物肝脏、瘦肉、蛋类、花生、茄子、胡萝卜、白萝卜、白菜、菠菜等富含锌的食物和富含维生素的食物，以促进溃疡面愈合；多饮水，至少每日饮1000毫升水，这样可以清理肠胃、预防便秘，有利于口腔溃疡的愈合。同时，忌食辣椒、葱、姜等辛温升阳及煎、烤、炸的食物，以免助火上炎，影响口疮愈合。

减轻口腔溃疡、改善心情的饮食方

萝卜鲜藕汁，清热排毒除烦躁：白萝卜、鲜藕各500克。将萝卜、鲜藕分别洗净，放在一起榨汁。每天1～2杯，直至口腔溃疡痊愈；或者用汁液含漱，每日数次。

白萝卜性凉，有清热解毒、生津止渴等功效。鲜藕性寒，能清热泻火、润肠通便。两者搭配，清热排毒、养阴生津效果甚佳。阴虚火旺型口腔溃疡患者坚持每天饮用萝卜鲜藕汁，能促进体内热毒排出，养阴清热，从而利于溃疡面的愈合。

荷叶冬瓜汤，去除“火气”好轻松：荷叶10克，冬瓜500克，盐适量。将冬瓜洗净，连皮切块，与荷叶一起放入锅中，加入适量水煮成汤，加盐调味即可。佐餐食用。

冬瓜有清热除湿、润肺止咳、利水消肿的功效，荷叶有清热、凉血的作用。两者合用，能清热生津、利尿止渴，促进体内热毒排出，有利于溃疡愈合。

涂抹蜂蜜，帮助口疮愈合

漱口，再用消毒棉签将蜂蜜涂于溃疡面上，涂擦后暂不要饮食。过15分钟左右，可将蜂蜜连口水一起咽下，再继续涂擦，每天可重复涂擦数遍；或者用温水冲泡蜂蜜，然后含漱。

现代研究发现，蜂蜜含有肾上腺皮质激素样物质和抑菌素，有较强的抗菌、消炎、收敛、止痛作用。在溃疡面上涂抹蜂蜜，有利于口腔黏膜上皮细胞的修复，从而促进溃疡面愈合。

另外，如果比较能够耐受疼痛，桂林西瓜霜的效果也是非常好的，虽然喷涂在溃疡面上会有些疼痛感，但这种疼痛表明药物正在发挥去腐生肌作用，帮助溃疡恢复，不妨一试。

放松睡一觉，损伤能修复

每次笔者心情不好的时候，会觉得很累，不仅身体累，心里更累，就想睡一觉。人体有一套很强大的自愈系统，当某个脏腑出现了问题，它就会启动自愈机制，尽力修复。当然，修复的过程需要耗费大量的气血，这会使得其他脏腑可能输布到的气血比以前少，人便会觉得疲惫。这时候，睡一觉，为身体的修复机制“让路”，让其他脏腑休息休息，对身体是有好处的。所以，因心情不好出现腹泻、腹痛等不适时，要劳逸结合，保证充足的睡眠与休息。但是不要带着鼓鼓的气马上睡觉，那反而容易让气一下就淤滞住了，心情不好的时候，晚上可以多睡一会儿，良好的睡眠过后，可能啥都不是问题了。

压力太大会打嗝

每到12月，笔者的微信、QQ总是隔三差五就收到消息，问莫名其妙老打嗝，喝水也不管用，怎么办？一看到这些消息，笔者也打起嗝来了，毕竟“黑色”12月，谁都“鸭梨山大”。

黑色“12月”，打嗝源于“鸭梨山大”

对于职场的人来说，12月基本上是一年之中最忙碌的时候，接踵而至的一大堆需要了结的事情，要汇报的工作，还有各种各样的报表……很多人忙得连轴转，空前的压力几乎让人头晕脑涨，压抑郁闷，脾气暴躁，基本上一点就“着”。虽然这是现代人的常态，但笔者还是要提醒一下大家，总是这么“鸭梨山大”可不是好事儿，小心顽固性打嗝盯上你。

我们都知道，肝是主疏泄的，而且不良情绪对肝脏的影响非常大，当我们的情绪低落、抑郁时，就可能导致气不顺，造成肝气郁结，横逆犯胃，胃气上逆，产生呃逆，也就是打嗝。可能有些读者不理解肝气郁结跟打嗝的关系，简单来说，就是肝的疏泄功能可以促进脾胃的运化，脾胃的运化功能又有助于肝的疏泄，但是如果总是压力大，心里窝着火，就容易使肝气相对偏盛，还“一言不合”就乱“窜”到脾胃，影响到胃气的和降，使膈肌痉挛收缩，空气被迅速吸进肺内，两条声带之中的裂隙骤然收窄，因而引起奇怪的声响，也就是打嗝。

笔者之所以说12月是“黑色”12月，也是因为到年底了，各种压力总是让人难以承受，很容易出现打嗝的情况。有时候，打嗝由吸了凉风、吃得急呛着了或者吃得太多引起，这些打嗝是短暂的，一段时间之后就会停止。而压力大引起的打嗝就不那么容易好了，它很顽固，还容易复发，要想“根治”，“根”还是在“压力”上。

止嗝第1步：减压顺肝气

既然“根”在“压力”上，那我们首先要做的就是减压，让肝气条达顺畅。在这里，笔者给大家介绍一个非常简单的方法：深呼吸+多喝水。

在忙碌当中，让自己适当“慢一慢”，放下手头的工作，活动一下筋骨，然后做做深呼吸。深呼吸的方法：在办公室的走廊或者座位上都可以，身体放松，深深吸气，先使腹部膨胀，然后使胸部膨胀，达到极限后，屏气3～5秒，接着慢慢呼出气体。反复进行，每次3～5分钟。当然，在做深呼吸的过程中，可能还会持续打嗝，不要管，继续深呼吸，呼吸几次以后膈肌痉挛缓解，打嗝就停止了。

深呼吸之后喝一杯温开水，你会感觉身体里的“暴躁因子”减了不少，头脑也变得比之前清晰了，相信之后的工作效率会更高。

按摩内关穴，“关”住打嗝

工作忙得没时间放松，没关系，还可以通过按摩内关穴来止住打嗝。内关穴是心包经上的穴位，中医临床上经常用于治疗情志失和、气机阻滞相关的病症。内关穴很好找，就在手腕关节横纹往上，约三指宽的中央凹陷处。在我们的左右手各有一个内关穴，按摩的时候，分别用大拇指按揉3～5分钟，然后感觉下哪边比较痛，接着掐按痛感强烈的一边，止嗝效果会很不错。

内关穴

打喷嚏能止嗝

从生理角度来说，打嗝是由于膈肌痉挛导致的不受控制的瞬间吸气过程。打嗝的时候，膈肌在不受控制的收缩，而要把打嗝止住，就需要阻断这种不自主、散漫式的收缩状态。打喷嚏就是不错的止嗝方法。

打喷嚏时，需要喉肌、肋间肌、膈肌及腹肌密切配合，造成短时性的高压气流呼出，是肺内气体喷射出来的一种过程。在这个过程中，胸廓回缩，再加上肺内气体的“喷射”而出，使膈肌“被迫”舒张，有效阻止了膈肌的不自主收缩，从而起到止嗝的效果。

当然，打喷嚏不是想打就能打出来的，需要借助一些“工具”，比如太阳，抬头看太阳可以帮助打喷嚏；闻一下胡椒粉也可以打喷嚏；或者把卫生纸捻细，蘸点儿温水，放进鼻腔里轻轻捻转，刺激鼻黏膜，也能打喷嚏，等等。

“吓一跳”就能止住打嗝

突然吓一下打嗝的人，能止住打嗝，这种方法一直被奉为“绝对经典”。因为人在突然受到惊吓时，大脑会在瞬间做出反应，身体进入备战状态。这时，不仅心跳加快、血压升高，而且一切正在进行的不重要的活动也会停止，使注意力完全集中在惊吓恐惧的来源上。被停止的活动就包括打嗝这一项。

如果总是打嗝不止，可以试一试“惊吓法”，让别人来吓一吓你。不过，需要注意的是，有高血压、心脏病的人不要用这种方法，小心吓出严重的后果。

分散注意力，别总想打嗝的事儿

打嗝总会让人觉得很烦，想着什么时候能停下来。其实吧，越想就越止不住，越紧张打嗝就越严重，不如不去想它，转移注意力去做其他事情。比如专心做一张报表，所有的精力都集中在报表上，你会发现，打嗝不知道什么时候消失了。这是因为打嗝是一种神经反射，集中注意力做某一件事时，膈神经反射被阻断，打嗝也就自然消失了。

这样打嗝，需要尽快看医生

长期或持续性的打嗝，压力大是一方面，还有可能是身体潜藏的疾病所发出的警讯：膈肌周围脏器病变，如食管炎、胃炎等，可能在打嗝的同时，还伴有烧心、反酸和恶心感；肝脏如果出了问题，也有可能引起打嗝，在临床上，肝癌患者也常伴有打嗝的症状；如果患有肺炎，也有可能出现顽固性打嗝的症状，同时伴有咳嗽、痰多、憋喘等呼吸道疾病症状，等等。所以，如果持续打嗝不停，时间超过3天，不要盲目服用止嗝的药物，应尽快去医院检查，找出病因，再遵医嘱对症治疗。

学点心理学，保持好心情

保持平常之心：詹森效应

曾经有一名叫詹森的运动员，平时训练有素，实力雄厚，但在体育赛场上却连连失利，让自己和他人失望。不难看出这主要是压力过大，过度紧张所致。由此人们把这种平时表现良好，但由于缺乏应有的心理素质而导致正式比赛失败的现象称为詹森效应。

心理学家研究得出结论，实力雄厚和赛场失利之间的唯一解释只能是心理素质的问题，主要是由于这些运动员的得失心过重，自信心不足造成的。可见，比赛不仅仅是体能和技术的较量，在赛场上更是队员之间心理素质的较量。为了提升运动员的实力和战绩，心理素质的训练和调整是很有必要的。胜败往往取决于某个关键时刻，谁能保持沉着冷静的状态，谁能拥有更好的心理素质，那么谁就能赢得最后的胜利。要认清“赛场”的本质，克服恐惧感，赛场并不可怕，只是比平常正规一些而已。要平心静气地走出狭隘的患得患失的阴影，不贪求成功，只求正常地发挥自己的水平。赛场是高层次水平的较量，同时也往往是心理素质的较量，“狭路相逢勇者胜”，只要树立自信心，一份耕耘必定有一份收获。

在日常生活中，有些名列前茅的学生在高考中屡屡失利，有些实力相当强的运动员却在赛场上发挥异常，饮恨败北，等等。细细道来，这些现象的唯一解释只能是心理素质问题，主要原因是得失心过重和自信心不足。有些人平时“战绩累累”、卓然出众、众星捧月，这造成一种心理定势：只能成功不能失败，再加之赛场的特殊性，社会、国家、家庭等方面的厚望，使得其患得患失的心理加剧，心理包袱过重，如此强烈的心理得失困扰自己，怎么能够发挥出应有的水平呢！另一方面是缺乏自信心，产生怯场心理，束缚了自己潜能的发挥。

以下几种方法也许能够帮助你坦然面对和接受自己的紧张，调整好状态，发挥出最大的自身潜力。

首先，你应该意识到自己的紧张是正常的，很多人在某种情境下可能比你更紧张。不要与这种不安的情绪对抗，而是要体验它、接受它。要训练自己像局外人一样观察你害怕的心理，注意不要陷进去，不要让这种情绪完全控制住你。这时，你可以对自己默念："如果我感到紧张，那我确实就是紧张，但我不能因为紧张而无所作为。"

其次，调整好自己的心态。如果一个人追求完美，对自己的期望过高，事事都想做到最好，那他自然就会感到精神时刻处于紧张状态中，十分疲累，反而无法发挥正常水平。这时，若恰当地放低对自己的要求，也不必过分在意外界对自己的看法，不在脑海中反复渲染这件事对自己截然不同的影响画面，紧张心态自然会得到一定的缓解。

古人云："弛而不张，文武不为也；张而不弛，文武不能也；一张一弛，文武之道也。"精神就跟一张弓一样，如果长期处于绷紧的状态，难免关键时刻出现情绪崩溃的状况，这时，若提醒自己转移注意力，或闭目养神，或想象轻松活泼的趣事儿，反而有助于考场上的发挥。不要怕说错话，以平常语言表达为主。

所以，成功的法则应该是放松而不是紧张，放弃你的责任感，放松你的紧张感，把你的命运交付于更高的力量，真正对命运的结果处之泰然，这种轻松的心态往往会带来最满意的结果。

PART 3 心情不好，神经系统就会敲警钟

心情不好，当我们说这句话时，有没有想到“心”是什么？在中医里心是管理我们身体里的“神”的，就是精气神那个神，这个神的功能其实涉及到的是神经系统的很多功能，所以当我们心情不好，轻则心烦意乱、焦虑，头晕头痛，重则失眠多梦，这都是神经系统在敲警钟。从中医来说这都与我们的“心”密切相关，心情也就是心的“情”，可见其重要性。

“少不勤行，壮不竞时，长而安贫，老而寡欲，闲心劳形，养生之方也。”

——《养性延命录》

心情不好，失眠缠上你

说到失眠，笔者想起了前几天看的一个帖子——一位34岁的女性朋友发帖子问：最近心情特别糟糕，晚上怎么样也睡不着，好不容易睡着了还老做梦，早上醒来就跟刚打了一架一样，全身疲惫，这是怎么回事？

不考虑疾病、环境方面的因素，单从这位朋友上面的描述，我们接收到了一个信息——心情不好，失眠缠上了她。

失眠是怎么缠上你的

相信很多人都有过类似于上面这位女性朋友的经历，心情不好时在床上“烙饼”，怎么都睡不着，而且越是睡不着，心里就会越烦躁，心情烦躁又影响入睡；或者很早就醒来，心理还萦绕着那件烦心的事情。不过很多人都不知道心情不好跟失眠是怎么扯上关系的，其实它们的关系也不神秘。

一是心里总想着事情，思虑太过，到时间应该休息的脏腑被迫“加班”，这样会耗损更多的精血。在中医看来，我们身体里的物质分为阴和阳两大类，阴类代表静止的、镇静的，而阳类正好相反，代表着运动的、兴奋的。白天是阳气时间，我们身体里的阳气也随之旺盛，所以我们精神比较好，不觉得困；到了晚上，就是阴气主宰，阳气入于精血之中，人就会觉得困倦，想睡觉。但心情不好、情绪抑郁，精血被耗不足以包容阳气，就会难以入睡。正如《类证治裁·不寐》里说的：“思虑伤脾，脾血亏损，经年不寐。”

二是生气的时候肝火来捣乱。笔者经常提到肝主疏泄，肝木喜条达，而人在生气的时候会影响到肝气的疏泄，使肝气郁结。肝郁可化火，肝火并不是“善茬”，它爱到处乱窜，窜到心里，就会扰动心神。心主神志，人的神志活动都受心的主宰，心神不安，其他脏腑也不能平静，该休息的时候反而被迫“加班”，人也就自然睡不好了。

当然，失眠还有其他诱因，比如中医里说的“胃不和则卧不安”，睡前吃得过饱或者脾胃不好也会影响到睡眠；喝咖啡、浓茶、酒之类含有兴奋神经的饮品影响睡眠，等等，在这里就不再赘述了。

睡不着就是失眠了吗

我们回到发帖子的那位女性朋友身上，她好几天睡不着觉，算不算失眠呢？《中医内科学》里关于失眠的诊断标准有三点：一是轻者入睡困难或睡而易醒，醒后不寐，连续3周以上，重者彻夜难眠；二是常伴有头痛头晕、心悸健忘、神疲乏力、心神不宁、多梦等；三是经各系统及实验室检查，未发现有妨碍睡眠的其他器质性病变。偶尔一两次睡不着，后来缓解或消失了，这算不上失眠，但如果像这位女性朋友那样，一连好多天都睡不着，就得重视起来了。特别是每周至少出现3次失眠，并且持续时间超过3周以上的，应及时诊断，配合医生根据诊断的结果进行下一步的治疗。

芳香疗法带你安眠

芳香疗法早在殷商时期就有甲骨文记载，如熏燎、艾蒸和酿制香酒，到宋朝发展达到了高峰。明代《本草纲目》中记载“香木”类35种，“芳草”类56种。到了现代，芳香疗法已经十分成熟了，最常用的是芳香吸入法。今天介绍一下用薰衣草精油做芳香吸入安眠治疗。

睡前一小时左右，将香薰灯放在床头柜上，在香熏灯内放入薰衣草精油10毫升，加入等量纯净水，插上电源，使精油香味扩散到空气中。你可以躺在床上，调暗灯光，自然吸入空气中的芳香精油，天然精油的芳香气味能行气活血、镇静安眠，刺激肌肉、血液、淋巴、神经等，以缓解全身紧张、帮助放松情绪，相信不久困意就会袭来。

说到薰衣草，你可能会想到在遥远的普罗旺斯,盛开着一片片紫色的浪漫的薰衣草。薰衣草不仅代表着浪漫，从它提取的精油还有很多妙用呢。薰衣草精油是一种单方精油，其中乙酸芳樟酯有麻醉作用，芳樟醇有一定的镇定作用。它香气清幽宜人，性质温和，具有镇静、催眠、宁心安神的作用，吸入人体后可发挥降低血压、镇静、催眠、抗焦虑、抑菌等作用。

除了薰衣草精油外，甜橙精油的主要成分为柠檬烯，它的水果香气可令人愉悦，也具有一定抗焦虑情绪和放松作用。读者朋友们可以根据自己的喜好选择。

睡好“子午觉”，恢复精气神

除了心情方面的调整，失眠的朋友也要注意生活细节。中医养生强调“子午觉”，是说晚上子时要熟睡，白天午时要小憩。

子时指的是晚上23点到凌晨1点，这个时间段是一天当中阴气最盛、阳气衰弱之时，此时入睡可以养阴，让人体得到修复。笔者建议晚上22时左右泡个热水脚或洗个热水澡，让自己放松下来，22时左右回到卧室，躺在床上听听音乐，逐渐入睡。夜间保证睡眠时间，减少熬夜或者不熬夜。因为熬夜以后，因失去的睡眠造成的身体损伤，无论后来多睡多久的觉都无法恢复。清代医家李渔曾指出："养生之诀，当以睡眠居先。睡能还精，睡能养气，睡能健脾益胃，睡能坚骨强筋。"所以，睡觉这件事，一定要重视起来。

我们再来说说午觉的重要性。午时指上午11点到中午13点，这个时间段对应经络中的心经，且此时阳气最盛、阴气衰弱，在午餐20分钟之后小睡或者闭目养神15～30分钟，能使心血管系统舒缓，减少心脏消耗和动脉压力，有养心的作用，还能提神醒脑，让你下午更加精神，工作效率也更高。

不过子午觉并不是越多越好，一般正常成年人每天晚上要保证8个小时的睡眠时间，最好不要一次性连续睡12个小时以上。因为睡的时间太长，容易感到疲惫，越睡越累，越睡越困，越睡越懒。所以，失眠的人一旦睡眠改善，也要"循序渐进"，不要一下子睡得太"猛"了。

吃“好”点，“犒劳”一下你的心

失眠，睡不好，最辛苦的就是心脏了，它源源不断地向全身输送血液，还得不到休息，所以失眠的人一定要“犒劳犒劳”自己的心，平时多吃一些养心阴的食物，如冰糖莲子羹、小米红枣粥、藕粉、桂圆、百合等，或者睡前喝一杯热牛奶，都有补益心脏的作用。

经常心烦、容易手心出汗、脸色潮红的人，可以在睡前喝一杯甘麦大枣茶，甘草、浮小麦和大枣有补气养阴的作用，对养心、缓解失眠有好处。甘麦大枣茶做法简单：取浮小麦（未成熟、漂浮在水面上的小麦）50克，红枣5颗，甘草5克，用开水闷泡15分钟左右，放温后引用。

中医里说“胃不和则卧不安”，晚餐吃得太饱或者过于油腻，特别是脾胃不好的人，很容易因为消化问题睡不好，所以晚餐要吃一些好消化的、养脾胃的东西，百合莲子粥就很不错。可以取百合10克、莲子10克、枸杞子10克、怀山药15克，白米50～100克，加适量水熬成粥食用。百合有养心阴的功效，莲子养阴祛火，对心烦、燥热引起的失眠多梦也有一定的食疗作用。

在饮食方面，失眠的人应禁忌浓茶、咖啡和酒，因为这些食物都含有兴奋神经的物质，可加重失眠的症状，所以失眠的人一定要远离。还有生冷、不容易消化的食物，会加重脾胃的负担。在中医看来，脾胃的位置比较特殊，属中焦，相当于一个“中央处理机”，人体的新陈代谢、升清降浊由它负责，人体的力量也就是“中气”跟它密切相关。所以，一切有损脾胃功能的食物，失眠的人都要敬而远之。

既改善睡眠，还能让面色红润的食疗方

失眠是亚健康状态的表现之一。偶然的失眠不必治疗，经自我心理调适后大多能改善。但如果是长期失眠，易令人头晕脑涨、精神萎靡、倦怠无力、食欲不振、注意力不集中、记忆力减退、健忘怔忡等，给正常生活带来很大的影响。 如果症状不重，可以尝试从饮食上进行调理。

每天一碗莲子红枣粥，健脾养心好气血：莲子、红枣各20克，粳米100

克。将莲子、红枣洗净，粳米淘洗干净，一起放入锅中，加入适量水煮成粥即可。每日一碗，佐餐食用。红枣具有补脾益气、养血安神的功效，对心脾两虚导致的失眠有缓解作用，同时还能补铁养血，让人面色红润。莲子具有养心安神、补脾益肾的功效，非常适合心脾两虚失眠患者，尤其睡眠不实、夜寐多梦症状明显者。

小酌核桃酒，温肾补虚助睡眠：核桃仁5个，白糖30克，黄酒50毫升。将核桃仁捣烂成泥，与白糖一起放入锅中，加入一碗水，然后注入黄酒，小火煎30分钟。每日1剂，分2次服用。肾虚型失眠患者食疗时宜温肾补虚。中医认为，核桃仁具有补肾固精、温肺定喘等功效。每天小酌1杯核桃酒，不仅可以温肾补虚，还能改善因肾虚而导致的五心烦热、失眠多梦等症状。

龙眼小米粥，养心神益气血：干龙眼肉20克，粳米、小米各50克。干龙眼肉用温水浸泡洗净；粳米、小米淘洗干净，加适量水煮粥，米将熟时放入龙眼肉，小火继续煮至粥成。佐餐食用。龙眼具有补益心脾、补气血、益智安神的功效，搭配滋阴养血、养胃补虚的小米和益脾胃、除烦渴的粳米煮粥，适宜心脾虚损、气血不足所致的失眠健忘、惊悸怔忡患者食用。

还是睡不着？那就让自己累一点

笔者记得刚参加工作的那段时间，压力大，再加上家里的事情有比较多，心里很烦，晚上也总是睡不着。睡不着的后果就是白天没精神。笔者想着不能总这么下去，迷迷糊糊地会影响工作，于是想到这样一个方法，就是白天非常努力地工作，除了20～30分钟的午休，其他时间都尽量让自己忙起来，回到家里还继续做家务，做饭、洗碗、擦地、洗衣服，把自己弄得累极了，结果一沾床就睡着了。失眠的朋友如果实在睡不着，在身体能承受的范围内，可以像之前的笔者一样，让自己累一些，身体疲乏了自然就会睡着了。

卧室整洁温馨，入睡更容易

笔者有一个“不好”的习惯，就是看不得脏乱，一看就心烦，然后“强迫症”就上来，非要整理好才肯休息，所以家里很整洁，尤其是卧室。如果家里乱糟糟的肯定睡不着，会觉得有东西在心里咯吱痒得难受。对于睡眠不好的朋友，笔得建议养成这个“不好”的习惯吧，相信你看着敞亮的家，会觉得心情舒畅不少，心情好了睡眠自然就会慢慢好起来。另外，你还可以给床上用品换个自己喜欢的颜色，天气好的时候拿出被子到阳光下暴晒，既能杀菌消毒，也能让被子带给你阳光的味道，闻着很舒服，对尽快入睡有助益。

说到“味道”，可以在卧室放点水果，如苹果、橘子，果香味清淡好闻，能缓解压力，让心情平静下来，心静才容易入睡。不过，笔者要多啰嗦一句：睡前别太“馋”，“偷偷”吃水果但又不刷牙漱口，这样对牙齿不好。

失眠头痛，“干搓脸”恢复好气色

经常失眠，免不了要头痛头晕。“对付”头痛头晕，可以用“干搓脸”的方法：将双手掌心迅速搓热，然后将指腹放在两颊处，手指贴着鼻翼，微闭双眼从下至上沿着鼻翼两旁搓到头顶，直到把脸搓红搓热。

因为我们的头面部有很多经络循行，分布着很多的穴位，每天早晨起来坚持搓一搓，能让混沌的大脑变得清醒，长期坚持还有美容的作用。

睡前搓一搓脚心，脚暖身暖好入睡

大多数人都有这样的体验：冬天只要脚凉，觉一定睡不好。中医说“寒从脚起”“脚冷则全身冷”，脚是人体的“末梢”，离心脏最远，气血流经的“路程”最长，气血相比身体其他部位要少，如果不注意保暖，就容易出现手脚冰冷的情况。失眠的人本来就容易睡不着，再加上脚冷，想睡着可是难上加难了。不过，笔者有方法改善这种现象：每天晚上睡觉之前用热水泡脚15～20分钟，然后擦干双脚，双手搓热，来回搓擦脚底直到感觉身体发热。

在我们的脚底，有个特殊的穴位——涌泉穴。涌泉穴与人体生命息息相关。涌泉如山环水，维护中气气场，保护着人体的生命活动。它在我们脚心的凹陷处，取穴的时候把脚趾向里勾起，脚心凹陷、按压有酸胀感的地方就是涌泉穴。涌泉穴是肾经第一穴，经常搓搓涌泉，可补肾气、滋肾阴，对阴虚失眠的人来说是再合适不过的调理方法了。经常搓脚心，还有很多好处，比如促进血液循环，改善腿脚麻木、身体乏力无力之类的症状。最重要的是，这个方法操作起来简单、有效，不需要用药，太省事儿了。经常按摩涌泉穴，有增精益髓、补肾壮阳、强筋壮骨、益寿延年之功。中医认为：肾是主管生长发育和生殖的重要脏器，肾精充足，人就能发育正常，耳聪目明，头脑清醒，思维敏捷，头发乌亮，所以经常按压涌泉穴可以增强记忆力，使人精力旺盛，体质增强。此外，将两只手心对搓至极热后，用手掌心对搓两足心至极热，长期坚持，即可治疗失眠、调整心率，让你高枕无忧。

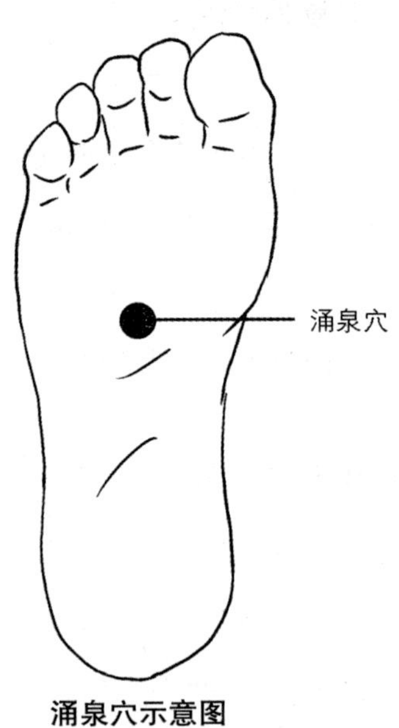

涌泉穴示意图

神奇穴位神门穴、四神聪，养心又安神

安神首推的穴位当属神门，听名字就知道它与“神”有关。因为神门位于手少阴心经，是心经的原穴，也就是心经上气血最充盛的穴位，是安定心

神的门户，可见其安神的重要性，是治疗失眠的首选穴位。能够调节神经内分泌系统，恢复脏腑功能。神门穴的按摩方法可能与其他的穴位不太一样，主要是以掐为主，揉为辅。用拇指按住神门穴，掐和揉相互交换地按摩，每日按摩两次，每次2分钟左右，睡前按摩效果会很好。此外，还可以用艾条灸，每次灸15～20分钟，一直灸到皮肤发红、有温热感，这种方法除了可以安神，还可以很好地祛湿，经常睡前按摩神门穴，然后不定时做一些艾灸治疗，可以加快效果，达到预期的养生效果。

神门穴

另一个方便按摩的穴位是四神聪穴，四神聪是一组越按越聪明的穴位。四神聪就位于头顶正中央的前后左右，围绕我们的百会穴，非常好找。顾名思义，这是4个能够使人聪明的穴位，主治各种头痛、眩晕、失眠、健忘和目疾等。四神聪穴上，分布着大量的神经和血管，通过按摩刺激四神聪，不仅可以促进头部的血液循环，增加大脑供氧量，还可以刺激神经，最终达到消除疲劳、强壮精神的作用，因此非常适合改善失眠、焦虑、工作压力大等情况。大家闲着没事儿的时候，可以用手指敲打这4个穴位，也就是敲头顶，力道适中，马上就会觉得头目清利。

四神聪示意图

还有一个很有名的治疗失眠的要穴，申脉穴，别名鬼路穴、阳跷穴，最早记载于《针灸甲乙经》，是足太阳膀胱经上的穴位，为“八脉交会穴”之一，通阳跷脉。中医认为申脉穴具有镇静安神、止痫宁心的功效，是治疗失眠的要穴之一。除了治疗失眠之外，临床上申脉穴还可用于治疗癫狂，痫症，偏、正头痛等病症。刺激申脉穴可以采用按揉的方式，用拇指的指腹按压在申脉穴的穴位上，以穴位为中心做环状运动，左右两侧的穴位每次各按揉3～5分钟即可，每天1次。

申脉穴

心情不好引起的失眠可能会发展成不同的证型，因为要结合个人的身体情况来诊断，在此笔者就不一一讲了。上面提到的只是常用的调理方法，具体的治疗方法如用药等，则需要去医院检查后由医生辨证论治。所以，再啰嗦一句：千万千万不要给自己开药，尤其是安眠药，服用不当带来的后果可能比失眠还要严重的多！

不良情绪竟然会导致记忆力下降

近期有一年轻IT工程师因为记忆力明显下降，经常忘记上级及同事们交待给他的事情，几乎不能很好地胜任工作来就诊，他自己觉得非常懊恼，而且完全不能解释这种情况，他询问医生："到底是谁偷走了我的记忆力？"后来经了解，他长期处于高压的工作环境下，经常加班加点工作，心理生理都得不到很好的休息，逐渐出现了上面所说的记忆力减退、经常丢三拉四，甚至头发早早就白了。现在很多的脑力劳动者们都存在着类似的情况。

也许你会觉得笔者有点危言耸听，但是你也一定有这样的体会，工作中跟领导或同事闹了别扭，大半天都不能安心工作，或者频频出错，第二天发现重要的事情没记住。这就是由于不良情绪直接影响了大脑的信息处理能力，甚至是短期的学习记忆能力下降。再比如，当年汶川地震之后，很多人因为严重的心理创伤，记忆和认知也出现了问题，可见强烈的异常情绪直接影响大脑功能。甚至有研究表明，在少年时期经历的精神创伤，会导致成年后的认知功能障碍。

不良情绪是如何让我们变笨的

这个问题我们可以从中医和西医两个角度来分析一下原理。

中医所说的情志内伤，就是不良情绪，喜怒忧思悲恐惊任何一种情绪达到时间过长、刺激程度过于强烈的时候，身体里的"气"就不正常了，无论是升、降、出、入哪个变化过度，都可影响脏腑气机，如前文所说，这样就会损伤脏腑功能。记忆属“神志”的范畴，归属我们身体的君主，也就是“心”来管理，并且跟其他脏腑、气血相关，脏腑气血的异常可影响记忆的形成、再现和巩固。因此，情志与记忆密切相关，不良情绪的刺激能造成各种记忆障碍。所以在中医，是非常注重情志调养的，它与身体所有部分的健康都息息相关，尤其是“心”和心中所藏的“神”。

现代科学研究证明了这一观点，当人们持续处于重大威胁或者挑战时，机体往往处于长期的高度紧张状态，称为慢性心理应激，比如较长时间的具体工作压力、焦虑情绪等，如前所述，这将引起一系列身心疾病，而且也会影响大脑的认知功能，尤其是前额叶执行功能。前额叶是大脑的一部分，负责很多重要功能，比如复杂的认知行为，个性表达，决策和调节社会行为等复杂的认知功能，也就是包括了我们通常认为的学习和记忆能力，通俗来说就是“脑子变笨了”。

熬夜党、手机党，你的记忆力还好吗

现在有很多年轻人出现脱发、白发，这往往是用脑过度导致的。他们喜欢熬夜玩游戏、看电视、看手机，睡眠时间被压缩再压缩。这类用脑过度的行为会导致人的疲劳感增加，对外界事物的敏感度降低，从而影响记忆。而且，无论是什么年纪的人，过度用脑都会导致记忆力下降。同时，过度依赖手机、电脑、电视等设备，也会影响大脑开发、锻炼和运用自己的记忆能力，从而出现记忆力减退。

熬夜党、手机党一定要警钟长鸣啦！要有足够的睡眠，而且睡眠的质量与睡眠的时间同样重要。睡前可以做几个深呼吸，让自己放松下来。然后用感觉从头到脚扫描一遍，看哪个部位紧绷，再试着放松下来；如果心里还想着工作，可用数息法，想像自己呼吸时，把负面的情绪吐出去，然后把正面的能量吸进来，来回呼吸几次，直到心情平静；全身心放松，渐渐入睡。

鱼肉、鸡蛋和蔬果，都是健脑小能手

鱼肉：鱼肉是最常见的补脑佳品，尤其是深海鱼，能提供ω-3脂肪酸，它是大脑自我修复所需的营养素之一，能让神经纤维之间的信息传递更通畅。淡水鱼富含不饱和脂肪酸，能减少脑血管硬化，改善脑细胞活性。鱼肉还能为大脑提供优质的蛋白质和钙质。

蛋黄：含有丰富的卵磷脂，当它被酶分解后，能产生乙酰胆碱，进入血液后可以到达脑组织，有改善记忆力的作用。

绿叶菜和水果：绿叶菜中富含抗氧化物质，能让大脑恢复活力，比如黄花菜、菠菜都是很好的健脑菜。水果中的橘子、菠萝也是健脑优选。

核桃：中医讲以形补形，核桃的形状就像一个大脑，它富含不饱和脂肪酸、蛋白质和维生素E，还有微量元素锌和锰，这些营养元素都能帮助我们提升脑功能，改善记忆力。

日常饮食建议每天吃1个鸡蛋，300～500克绿叶蔬菜，一周吃2次深海鱼，一次50～100克，顺便每天再吃三五个核桃仁。

吃营养早餐，为大脑助力

为了保护大脑，我们每天起来第一件要做好的事情就是吃一顿营养丰富的早餐。

有研究指出，一顿优质的早餐可以让人在早晨思考敏锐、反应灵活，并提高学习和工作效率；不吃早餐或者不规律的早餐行为会降低人的注意力，引起解决问题能力和记忆力的下降。另外，有吃早餐习惯的人也不容易发胖。

早餐的选择上应注意均衡的营养+控制摄入的热量。早餐要保证人体需要的三大主要营养素（蛋白质、脂肪和碳水化合物）及膳食纤维的摄入，要有丰富的食物品种。一般来说，早餐中有主食、牛奶、鸡蛋和蔬果就可以基本满足营养摄入均衡了。主食可以选择糙米饭、杂粮粥、全麦面包和薯类等。鸡蛋可以水煮、煎，蔬菜水果可以做成沙拉或三明治。

这样吃，营养又健脑，不妨试一试。

按摩解压，改善记忆力

1.按揉发根

用十指指腹均匀地搓揉整个头部的发根，从前到后，从左到右，要有耐心，做到全部按揉到。重点按揉的穴位是是百会、四神聪（百会穴前后左右各1寸处）、率谷（耳尖直上，入发际1.5寸处）、神庭。力度适中。

此按摩方法能刺激发根处的毛细血管，改善头部的血液循环，活跃大脑细胞，消除疲劳，增强记忆力。

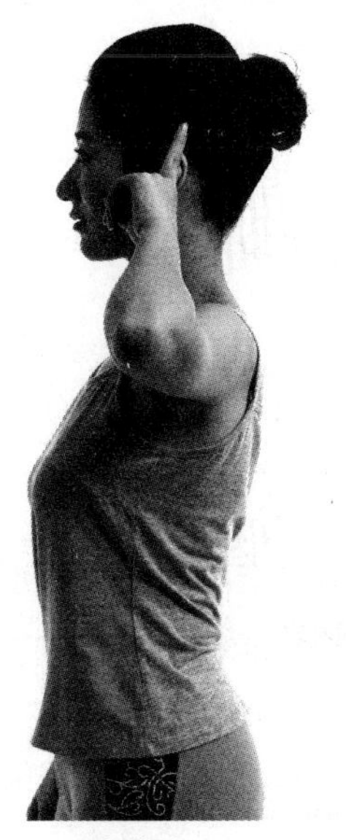

率谷穴

神庭穴

2.揉太阳穴

太阳穴在眉梢与外眼角连线向后约1寸凹陷处。将手掌擦热，将示指和中指贴于两太阳穴处。顺时针方向揉按30次，再逆时针方向揉按30次，以局部温热为度。也可以用两手拇指指腹来按揉。按揉时应调整呼吸、放空大脑，让身心都放松下来。

当大脑极度疲劳时，太阳穴处往往胀闷胀痛，按摩太阳穴可以疏通经络气血，从而对大脑产生良性刺激，以解除疲劳、振奋精神、改善记忆力。

3. 搓脚趾增强记忆力

中医认为“肾藏精，通于脑”，所以记忆力、计算能力等活动与肾脏功能的强弱息息相关，而且小脚趾也是足少阴肾经的起始位置，脚趾部位还是人体经络中阴经与阳经交汇的部位，对它们进行正确的按摩刺激，能强肾健脑，增强记忆力。

方法非常简单，用双手拇指指腹抓住双脚的脚趾，逐个进行按摩，也就是做圆周的揉搓运动，时间不限，睡前，看电视或发呆的时候都可以做一下。每次3分钟即可。

你问我答，练就最强大脑

你问我答的小游戏非常简单，孩子和成年人都可以玩，是锻炼脑力和记忆力的好方法。

问答题的设置非常随意，包括历史知识、古诗词、去过的旅游景点的一些小细节、过去的事情、数学问题、脑筋急转弯。比如“天下第一关”和“天下雄关”分别是哪里？“黄河之水天上来”的下一句是什么，等等。

做你问我答时速度可以由慢到快，让思维越来越活跃。还可以设置一些奖惩的小规则，从而让游戏更有趣味性，欢声笑语、其乐融融的游戏，也能改善心情，让我们快乐起来。

情绪不好头痛找上门

说到头痛，笔者就想起上大学时一个舍友的口头禅："这事气得我脑壳疼！"听起来是笑谈，但相信很多人都有这样的经历：碰到不愉快的事情了，生气、愤怒，或者是思虑过度、太过于紧张，容易觉得昏沉沉的，头也隐隐作痛。这也说明了一件事情：情绪不好的时候，头痛最容易找上门来。

"鸭梨山大"，小心紧张性头痛

现在很多80后都在感叹，马上就奔四了，上有老，下有小，还有"长江后浪推前浪，一不小心就被拍在沙滩上"的职场压力，真是让人"鸭梨山大"，很是焦虑啊！笔者要提醒的是，小心紧张性头痛！

紧张性头痛有些"特殊"，并不是单一的情绪问题导致的，它是心理与身体共同"紧张"而造成的一种疾病——长时间压力过大，精神紧张，容易影响到睡眠质量，导致睡眠不足，再加上颈部肌肉长期处于某种姿势，引起头颈部肌肉持续性收缩，最后导致人产生头部沉重、疼痛的症状。

这种紧张性头痛还有一个特殊的地方——它很少突然发作，而是缓慢发生而且非常隐蔽。刚开始时，可能只是有轻微的头晕，之后在压力的刺激下会反复出现，还会慢慢加重，让人觉得头部两侧都很沉重、钝痛，有紧箍感。人在身体不舒服的时候，情绪最容易受到影响，尤其在头痛时，可能变得更加烦躁不安，严重的还有可能导致焦虑、抑郁、暴躁。所以，我们一定要学会释放压力，防患于未然。

关于释放压力，笔者有一个建议——慢。经过一周紧张的工作和学习，周末的时候让生活慢下来，约上朋友喝喝茶、爬爬山、打打球，或者跟孩子一起去户外运动，或者跟爱人一起看看电影之类的，让自己放松下来。当然，最好的莫过于每天都“慢”个20～30分钟，给自己梳梳头，方法很简单：什么都不想，放下手机等电子设备，用手从前向后梳，梳的时候手指指腹轻轻地摩擦头皮。可别小看个动作，它能促进头部血液循环，对头痛有很好的缓解和预防作用。

“气得脑壳疼”时最需要深呼吸

笔者在浏览一些论坛时，看到不少帖子问：“为什么每次生气、发火后会头痛？这种症状怎么缓解？”对于第一个问题，《黄帝内经·素问》给了很好的答案——“怒则气上”。人在生气的时候，气血都往上涌，突破了脑部原有的生理平衡，部分脑血管扩张，从而使人头部胀痛，有沉重感，感觉像有一个“紧箍咒”箍在脑袋上。

对于这种头痛，笔者推荐一个简单的方法——深呼吸。在生气时，暂时离开让你生气的环境，到一个较为开阔、空气比较好的地方，先深深吸一口气，使腹部、胸部膨胀，达到极限后屏气几秒钟，然后逐渐呼气，尽量排除肺部的气体。反复3～5分钟，让自己的心情慢慢平静下来。心静下来了，原先往上涌的气血慢慢变得平和起来，头痛也就自然消除了。

要特别提醒一件事情，如果没有条件到户外做深呼吸，尽可能地避免在空气浑浊，尤其是弥漫着“二手烟”的屋子里做深呼吸，那样不仅会让你吸入不少有害气体，还会让头部变得更加昏沉和胀痛。

想问题想得头痛，来个“热水浴”吧

工作上遇到解不开的难题时，是不是经常想啊想，想得头痛？这是因为在想问题时，脑部会消耗大量的氧气，想问题想得太多太久时，脑部就容易出现缺氧，这时它就会向你发出头晕、头痛的信号了。想问题想得头痛时，不妨先停下来，到外面走一走，呼吸呼吸新鲜空气，你会发现自己变得神清气爽不少。

笔者还有一个缓解头痛的方法——热水浴。下班后，先把头痛的事情放一放，把水温调到40～45℃，洗个20分钟左右的热水浴，一面淋浴一面用手指沿着太阳穴顺时针、逆时针方向各按摩几分钟，水的作用加上按摩，能缓解头痛以及头痛引起的颈部发硬的问题。

菊花槐花绿茶饮帮你消消气

菊花不但味道清香怡人，有清肝火明目的作用，还有止头痛的作用，是非常适合作为茶饮饮用的中药。另外还可以加入槐花，每当春季闻到槐花香的时候，是不是令人心旷神怡，槐花也是可以清泄肝火的佳品，再配上清凉的绿茶，能够清肝火、疏肝气，明目去头痛。

但是，这么美味又消怒气的茶饮，不适合所有人，体质偏寒，脾胃虚寒、大便溏泄的人就不适用了。

按穴位治头痛效果显著

每当我们头痛的时候，下意识地会去揉按太阳穴，因为这是一个充满了阳气的穴位，饱满的太阳穴代表着身体精气充盛，太阳穴的主治病症为头痛、偏头痛、眼睛疲劳、牙痛等。由于太阳穴部位的血管分布相当丰富，人们长时间连续用脑后，太阳穴往往会出现胀痛或重压的感觉，这是大脑疲劳的信号，按摩太阳穴可以给大脑以良性刺激，能够解除疲劳，振奋精神，止痛醒脑，并能保持注意力集中。给头部进行力度适中的按摩，也是缓解偏头痛，降低血压的有效方法。

再推荐一个神奇穴位，那就是印堂。我们常听到这样的俗语“我看你印堂发黑”，可见这个穴位代表了我们的健康状态。用脑过度、精神疲惫时，我们常会按揉或者用拳头轻轻敲打前额，这些不自觉的动作会让我们感觉舒服很多。这就是正在刺激印堂穴。经常按摩、艾灸这个穴位就可以头脑敏锐、减轻压力、增强记忆力、改善视力，对各种原因的头晕头痛都能有改善作用，并能够让你面色有光泽、容光焕发。

太阳穴

印堂穴

情绪导致的头痛问题不单单是上面罗列的几种，还有很多。简单地来说，“百病生于气”，情绪不好的人容易“气结”，“不通则病”，所以保持平和的心态、平静的心情很重要。一句话，少生气，头痛就不容易赖上你了。

足疗改善睡眠，缓解头痛

足疗是众所周知的一种非药物疗法，它通过对足部反射区和足部腧穴的刺激，调整人体生理功能，提高免疫系统功能，以达到防病、治病、保健、强身的目的。“人之有脚，犹似树之有根，树枯根先竭，人老脚先衰”，早在几千年前中国人就很重视对双足的锻炼，并运用足部按摩即“足疗”来防病治病，强身健体。

足部穴位是人体隐藏的天然良药，通过足部经络穴位治疗疾病，方便快捷且无不良反应，找准穴位按摩一下使经气充足、血脉通畅，就可以调动人体的自愈能力，应对外来的敌人。足部按摩能改善血液循环、促进新陈代谢，无病者得以健身长寿，有病者得以祛病养身，体弱多病者“补不足”，体壮证实者“泻有余”。

足疗最显著的一个功效就是祛除疲劳，因为人在疲劳时，首先是会导致脚部的血液循环不通畅，代谢物等蓄积，这时，如果进行一次足疗，血液中的一些生物要素会恢复到正常的水平，因此，足疗是抗疲劳的绝佳方法。足疗还能改善人的睡眠，一方面是因为足底的放松促进了身体的放松，另一方面，脚部的一些穴位在被刺激后会反射到大脑皮质，大脑皮质会因此被抑制，这时，人体处于安静的状态，有助于睡眠。特别是现在人们的精神压力普遍偏大，睡觉前要是能做一次足疗，让身体和精神都得到全方位的放松，自然对睡眠和身体都有好处。晚上早早入睡，没有梦魇，白天精力充沛，工作效率高，心情好，整个人也会光彩照人起来。

从一些有关反射效果的研究来看，足疗似乎不仅在按摩期间让人处于放松的状态，保持一定频率的足疗已被证明能显著降低癌症患者的焦虑。由于按摩手法的简便易学，加上足部穴位易取的特点，足疗可以作为一种有效的治疗抑郁和焦虑的方法。一项针对老年痴呆患者护理人员的研究显示，每周3次的10分钟足底按摩可以改善情绪、减轻焦虑、降低血压。足疗还能缓解关节疼痛，有助于受伤后的恢复和减少肌肉酸痛。

虽然足疗好处诸多，但是也要适量适时。正确的运用足底按摩能够帮助人们除病健神，但如果用得太勤、不分季节、不分体质，效果往往会适得其反。冬季就要少做足底按摩，如果不得不做，半个月一次足矣；身体虚弱的人要少做足底按摩，而且尽量避免全足按摩，只针对身体出现的不适之处选择一两个反射区，对症按摩即可，且按摩时间不宜过长。

学点心理学，保持好心情

认识自己才能更开心：巴纳姆效应

心理学中有一个现象，叫巴纳姆效应。提到这个，你也许并不了解。举例来说，比如我们去爬山，路遇一位慈眉善目、和蔼可亲的大和尚。和尚微笑着说："施主，你我有佛缘，我来与你说上几句。"通常因为好奇心驱使，我们会想听一听他怎么说，结果一路听下来会暗暗吃惊，他说的真准，高僧在此。之后好多年不解，为什么他会那么懂我，感觉很神秘。这就是巴纳姆效应（Barnum Effect）。当人们用一些普通、含糊不清、广泛的形容词来描述一个人的时候，人们往往很容易就接受这些描述，认为描述中所说的就是自己。

心理学家弗拉（Bertram Forer）于1948年对学生进行一项人格测验，并根据测验结果分析，得出学生对测验结果与本身特质的契合度评分，0分最低，5分最高。事实上，所有学生得到的"个人分析"都是相同的："你祈求受到他人喜爱却对自己吹毛求疵。虽然人格有些缺陷，大体而言你都有办法弥补。你拥有可观的未开发潜能尚未就你的长处发挥。看似强硬、严格自律的外在掩盖着不安与忧虑的内心。许多时候，你严重质疑自己是否做了对的事情或正确的决定。你喜欢一定程度的变动并在受限时感到不满。你为自己是独立思想者自豪并且不会接受没有充分证据的言论。但你认为对他人过度坦率是不明智的。有些时候你外向、亲和、充满社会性，有些时候你却内向、谨慎而沉默。你的一些抱负是不切实际的。"结果平均评分为4.26。从分析报告的描述可见，很多语句适用于任何人，这些语句后来以巴纳姆命名为巴纳姆语句。

人们为什么常常陷入巴纳姆效应，认同那些泛泛而谈的描述？因为每个人都渴望自我认知，而往往精确的自我认知又是非常困难的。所以我们经常从别人眼中去了解自己。另外，所有人都渴望自己被欣赏。人具有这样一种心理倾向，即很容易受到来自外界信息的暗示，从而出现自我认知的偏差。我们应该学会避免巴纳姆效应左右我们，要学会去面对自己，培养自己收集信息的能力和敏锐的判断力。

生活中，我们既不可能时时刻刻反省自己，也不可能总是将自己置于局外人的地位观察，于是只能借助外界的信息来认识自己。也正因为如此，我们每个人在认识自我的时候，很容易受外界信息的暗示，迷失在环境当中，并把他人的言行作为自己行动的参照。巴纳姆效应指的就是这样一种心理倾向，即人很容易受到来自外界信息的暗示，从而出现自我认知的偏差，认为一种笼统的、一般性的人格描述十分准确地揭示了自己的特点。要想真实而客观地看清自己，就必须克服巴纳姆效应。

第一，勇敢地面对自己，正确看待自己的优缺点，不掩耳盗铃，不自欺欺人，切莫以己之短比人之长，或以己之长比人之短。

第二，培养一种收集信息的能力和敏锐的判断力。

第三，以他人为镜，参照合适的对象，通过与其在各方面进行比较来认识自己，以便更清楚地看到自己的长处和不足。

第四，要善于总结，从过去的重大成败事件中总结经验教训，充分了解自己的能力和性格，从而正确认识自己，接纳和认可并不完美的自己，这样才能更开心。

PART 4 心情不好与女性健康关系尤其密切

感情细腻是女性的特质，现代女性又面临事业、家庭双重的压力，尤其是养育宝宝的教育焦虑，大部分压在了女性身上，导致很多女性都很焦虑。经常处于焦虑这种负面情绪下，身体就会出现很多的信号——色斑、脱发、面容憔悴、月经异常等，这些信号告诉我们，是时候放轻松啦，要不健康该出问题了。

“戒暴怒以养其性，少思慈以养其神，省言语以养其气，绝私念以养其心。”

——《续附·养生要诀》

总是心累，不知不觉成“黄脸婆”

下班的路上刷朋友圈，突然看到了皮肤科同事发的新信息：“昨天有个在电视台做编导的姑娘来找我。工作压力+晚上经常加班到很晚+天气热，她脖子、胳膊的皮肤很痒，还起了一片片红疹。一进门诊，她就连问了我几个怎么办。能怎么办？放松+用药呗。这里也提醒小伙伴们，一定要开心些，劳逸结合，要知道心情不好，小心皮肤也会跟你过不去！”

太累了不想吃饭，受伤的不仅是脾胃

现在的女性很伟大，白天在职场拼搏，晚上下班后还要回家带娃做家务，仿佛“超人”一般的存在。但要提醒各位女性朋友多关爱自己，适当给自己放放假，要知道身心疲惫带来的“副作用”可不小——脸色发黄、皮肤暗沉、毛孔粗大、黄褐斑等，总是太累容易让自己变成“黄脸婆”的。

女性如果总是承受很大的工作和生活压力，每天都感到劳累、疲倦；因为老公不给力、孩子调皮捣蛋而生闷气，或者情绪多变、爱发脾气；怕工作做不好，总是唉声叹

气，等等，这些现代女性经常出现的情绪问题，在中医看来都属于肝郁。脾具有生成气血和运送气血两大功能，好皮肤离不开充足的气血，而肝郁就要克脾，被肝“欺负”了的脾会变得没有以前那么“孔武有力”了。

另外，胃肠很敏感，有时候坐在饭桌前，别人一句不痛快的话都能给人添堵，破坏食欲，更别说经常“累哈哈”的。即使勉强下咽，消化吸收也是问题。长期如此，身体可能连最基本的日常营养供给都达不到，皮肤能分到的营养自然也就不多了，而皮肤“营养不良”，“黄脸婆”就是最直接的表现。

每天慢一点，慢出好皮肤

啰嗦了这么一通原理，按“程序”得上保持好肤色的招数了。

第一条建议，让自己不那么“累”。女性朋友们不妨每天慢一点，把不着急的工作和家务稍微放一放，听听音乐，散散步，实在懒得动的打个盹也行，都能帮助你缓解身心的疲惫。

第二条建议，每天笑一笑。经常笑笑，让自己保持好心情，心情好了也就没那么累，整个人看起来气色也变好了。

第三条建议，多喝水。身心上的压力和疲惫，加上城市里的生活污染、每天的上妆卸妆，皮肤很容易“藏污纳垢”，在这种情况下，皮肤的锁水屏障被破坏，使皮肤流失大量的水分，让人的脸色看起来泛黄、黯沉，所以我们每天应喝足水。不少人建议每天喝8杯水，关于这个喝水量，每个人身体情况不一样，一般来说，只要你不觉得口渴，时不时喝上一两口，白天排尿4～6次，晚上0～2次，说明饮水量基本上够了。

第四条建议，正确饮食。尽量饮食规律，如果做不到按时吃饭，

至少要保证饮食的质量，例如少吃油腻、辛辣刺激的食物以及甜食，多吃能帮助身体排毒的青菜、水果，适当吃有助于增强体质的瘦肉、坚果和豆类食品。还可以喝一些粥，调理脾胃的效果不错。

当然，也别忘了保养皮肤，尽可能减少使用化妆品的次数，每天都要特别注意彻底清洁皮肤和补水。皮肤科的同事建议，皮肤黯黄说明缺水严重，平时洗脸时要使用保湿、滋润的产品，还可以时不时做个面膜，让皮肤变得水润起来。

用幽默疗法“按摩”不良情绪

幽默疗法是通过笑起到调整情绪的目的。老话说的好，笑一笑十年少，笑之所以能治病，从西医来说它能够有效地调节情绪，瞬间让人心情大好，在好的情绪中，身体各系统功能就会得到改善，尤其是心理相关疾病会得到缓解。

“笑一笑”有很多好处：增加肺活量，排除废气，吸入氧气；清洁呼吸道；抒发健康情感；缓解紧张情绪；放松肌肉；驱散愁闷；有利于克服羞怯情绪，乐观对待现实。

可以尝试的幽默疗法有以下几种，简单易行。

一是观看幽默小品、各类喜剧、魔术、曲艺节目，从经典文学、喜剧和漫画等艺术甚至哲学、游戏以及名人传记、逸事中汲取幽默的营养，以培养自己的幽默感，积累笑料、幽默的素材。

二是多与幽默风趣的人交往，现在的流行语就有“有趣的灵魂万里挑一”，可见有趣的朋友多么难得和珍贵。当你跟乐观的人相处和交流时，无论是交谈还是消磨时光，或者是工作，都能够分享到更多的快乐，使精神愉悦和放松。

三是多和天真的孩子相处，孩子有时候童言无忌，语出惊人，常常会让人忍俊不禁，而且孩子活在当下的快乐会感染成年人，使其感到轻松愉快。

咀嚼能让你慢慢静下心来

心情沮丧、忐忑不安、伤心难过、沮丧无助、精神疲惫……那么多讨厌的负面情绪真是让心情都down到底，不同的坏心情选择不同的食物吧，说不定一下子让你high起来！

碳水化合物是开心的源泉

决心要减肥的人士，一边要戒掉碳水，一边要戒糖，往往会有体会，那就是真心不快乐。处于饥饿状态又不能吃的时候，你一定会感到非常不开心。当饥饿时，吃一顿富含碳水化合物的饱饭，满足感难以言表。所以碳水化合物的摄入是绝对必要的。碳水化合物是生命细胞结构的主要成分及主要供能物质，并且有调节细胞活动的重要功能。碳水化合物的生理功能与摄入食物的碳水化合物种类和在机体内存在的形式有关。膳食中的碳水化合物是人类获取能量的最经济和最主要的来源；碳水化合物也是构成机体组织的重要物质，并参与细胞的组成和多种活动；此外，还有解毒和增强肠道功能的作用。

如果你要减肥，就要少吃米饭、面条这类精制碳水化合物食物，但可以选粗加工食物，比如糙米、全麦面包、紫薯等。

香橙：芳香让人幸福

一颗熟透的香橙足可以让你从紧张、压抑中走出来。闭上眼睛，深吸一口气，让那沁人香脾的味道进入每一个肺泡，然后再细细品尝那酸中带甜或一点点苦的果肉，你会发现快乐很简单。这是由于香橙中含有R-柠檬烯和黄酮类物质，不仅使橙子具有独特的芳香，还有镇静安神、缓解焦虑的作用。

菠萝：助消化又添能量

酸甜可口的菠萝是不是能随时调动你的味蕾呢？菠萝中含有大量的碳水化合物和纤维素，前者是体内必不可少的能量来源，后者可延长碳水化合物的消化时间，使血糖长时间保持稳定。菠萝中大量的维生素B_1和锰，还有促进机体能量转化的作用。

菠菜：创造快乐的大力水手

菠菜除了能让大力水手充满力量，还能消除他忐忑不安的心情！菠菜中富含叶酸和各种维生素。有研究证明，当体内67%的叶酸被消耗后，人容易患上抑郁症。但应注意，菠菜中含有较多的草酸，容易导致钙质流失，建议食用前先用水焯一下！

燕麦：减肥又防病

吃一碗燕麦粥，消化20分钟，就能平复你的心情。相较于米饭、馒头，燕麦消化所需时间短，碳水化合物进入人体后，会释放色氨酸，继而生成5-羟色胺，它可是调动情绪、平复心情，让你high起来的脑内重要激素。别不信，一项研究表明，2周不食用淀粉类食品的志愿者，情绪更易怒、紧张、沮丧，正是因为没有碳水化合物刺激大脑产生5-羟色胺。长期食用燕麦还能够预防高脂血症和心脑血管疾病。

全麦面包：瘦身又聪明

相较于其他淀粉类食物，全麦面包被消化吸收的过程较为缓慢，非常适合保持体形，它可使血糖在10小时内保持相对稳定，比曲奇饼干、白面包这些精制食物坚持的时间长很多。葡萄糖是大脑能直接利用的唯一能量来源，它延绵持久地向脑内提供能量，使人思维保持敏捷，注意力、记忆力也能保持较高水平。而且用心去体味天然的全麦味道和口感也能让人幸福指数飙升。

女性专属美颜食疗

当归生姜羊肉汤：出自大名鼎鼎的中医古籍《金匮要略》，是两千年前汉代医圣张仲景设计的一个具有温中补虚、祛寒止痛功效的方药，尤其适合女性。是一款清淡可口的补益汤品，取当归9克，生姜15克，羊肉500克，常规烹饪即可。喝完真的手脚立马变得暖和，整个人都舒服了。煮这道汤的时候，满屋都是当归的味道，浓浓的药香，闻着便觉温暖。但煮出来的味道却是淡淡的当归香，细品又有点生姜的辛辣，还有羊肉的肉香，总之就是很好喝，而且温中养血，适合女性。

桃花白芷酒：活血养颜美容。桃花，有活血化瘀之功；白芷，能祛风胜湿；白酒，有活血美容作用。配料：新开桃花25克，白芷30克，白酒1000克。制法为将桃花、白芷浸酒，装瓶(没有大瓶子可分装成几小瓶)密封，勿令泄气，1个月后，启用。每晚饮1小杯(约20毫升)，同时可用少许搽面部。

三阴交穴：女性健康守护神

三阴交穴又被称为女性的“三里穴”，它是妇科病的灵丹妙药，具有活血止血、滋阴利湿的功效，几乎所有妇科病证，刺激三阴交穴都有着不错的治疗效果，经常刺激三阴交还可以有效保养子宫、调理月经，让女性的容颜更为美丽，所以说它是女性健康的守护神。

三阴交位于小腿内侧足踝最高点向上四个手指宽度，骨和肌肉相连凹陷的地方就是三阴交。顾名思义，三阴交是足太阴脾经、足厥阴肝经、足少阴肾经这三条经脉的交点，所以艾灸这个部位对肝、脾、肾都有作用。肝、脾和人的情绪密切相关，肝气条达，人的心情自然就好，脾也能很好地发挥作用。因此经常艾灸三阴交可以使人体各系统达到最佳平衡，使人气血旺盛，自然百病不侵。睡前按摩三阴交还可以起到镇静安神的作用，让我们睡个好觉。

三阴交穴

艾灸缓解焦虑又温暖

艾灸，大家都不陌生，现在市场上会看到很多的养生灸产品等。艾灸也就是中医针灸疗法中的灸法，是用艾叶制成的艾灸材料产生的艾热刺激体表穴位或特定部位，通过激发经气的活动来调整人体紊乱的生理生化功能，从而达到防病治病的目的。

艾灸具有温通经脉、驱散寒邪、行气活血、消瘀散结、温补益气、回阳固脱作用，能预防疾病、保健强身、美容等。它是一种身体自调的治疗方法，调整了阴阳平衡就能改善阴虚阳亢、肝郁等。比如我们平常所讲的风湿痹痛这些颈肩腰腿痛等，还有女性的小腹冷痛、下肢发凉等都可以用艾灸来进行治疗和调理。

艾灸可以选择的穴位包括前面介绍的足三里、三阴交、大椎、百会、阳陵泉等，可以手持艾条进行艾灸，每次10～20分钟，目前也有很多更为方便的艾柱，贴在皮肤上就可以完成，都可以尝试使用。艾灸简单可行，又经济实惠，尤其适合女性，温暖又健康，还不赶快动手灸起来！

乳腺增生“爱”上“气包子”

笔者喜欢在网上逛论坛、社区，经常看到有人问：一生气就觉得乳房疼痛，这正常吗？笔者的答案是：如果经常有这种情况，那就不正常了，有可能是乳腺增生，要尽快去医院检查。

爱生气的人容易得乳腺增生

为什么有的人一生气就觉得乳房疼痛呢？中医里有“木郁不达，乳房结癖”的说法。肝属木，喜条达，如果肝失条达，就会影响到疏泄的功能，而乳腺属于肝经循行路线上的组织，肝的功能不好便会反映到乳房上。因此，乳腺相关疾病很多都跟着急、上火、生气等不良情志有关。

生气诱发的乳腺增生分两种情况：第一种情况是脾气暴躁的人通常肝火旺盛，爱生气上火，很容易殃及乳房，让它们也都“上火”起来；第二种情况是有的人爱生闷气，什么事情都憋在心里，容易肝气郁结，气血周流失度，会循肝经到达乳房，凝滞而形成乳房肿块。这些都意味着，爱生气的人得改改自己的脾气了。

每个月自我检查乳腺非常重要

已经确诊为乳腺增生的女性朋友需要遵医嘱定时检查。对于普通女性，最好每个月做一次乳腺自我检查。方法：坐姿，身体自然放松，四指并拢，从外向里、从上到下平着捋对侧的乳房，感觉各个部位有没有异物感。如果感觉某个部位摸起来不平，可按照正常力度按一按，感觉有些胀或有些痛，可能是长结节了，最好去医院确诊。在自测的时候，要特别注意乳房的外上方，这个位置的腺体最多，也是乳腺增生的“高发区”。另外，如果觉得乳房胀痛的同时，扯得胳膊甚至腋下也很痛，也需要及时就诊。

一生气就痛？开心才是“自愈系”

乳腺增生有一个“奇怪”的特点——月经前或心情不好的时候，乳房肿胀疼痛就更加明显，月经过后或心情平静下来了、休息好了，乳房的肿块又会缩小回去。既然乳腺增生跟心情有这么大的关系，女性朋友就要尽量保持好心情，平时注意要少生气，特别是月经前后，情绪起伏过大对月经出血量、痛经、乳房胀痛程度的影响尤其大。

你的生活、饮食都“和谐”吗

乳腺增生的发生跟内分泌也有一定的关系：乳腺是女性内分泌系统的靶器官，如果黄体素分泌减少，雌激素相对增多，也有可能影响到乳腺的正常结构，诱发乳腺增生。紧张、忧虑、生气、抑郁之类的坏心情，还有熬夜、过度劳累、饮食不当等不良行为，都可能影响到内分泌和气血的运行输布，加重乳腺增生。所以女性朋友除了要保持好心情，生活也要“讲究”。

一是要休息好，注意劳逸结合，养成良好的生活习惯和作息规律，避免熬夜。最好不要佩戴过紧或有挤压隆胸效果的内衣，以免影响乳房的新陈代谢和淋巴回流。

二是饮食以清淡为主，遵循“低脂高纤”的饮食原则，多吃全麦食品、蔬菜水果和豆类食物，增加人体新陈代谢途径。少吃高脂肪、高热量的食物，高蛋白的食物也要少吃，不要自行服用蜂胶、蜂王浆、花粉及一些含激素的口服液，这些食物和药物都有可能加重内分泌紊乱，从而使乳腺增生变得更加严重。

三是适当运动，每天坚持散步30分钟左右，周末去爬爬山、打打球，都有助于提高身体素质，增强身体的抵抗力，也能帮助我们舒缓压力，调节心情。

消乳汤真的管用吗

上面啰嗦了一通“道理”，其实最实际的还是来个“药方”——消乳汤。方法：取山楂15克，五味子15克，麦芽50克。水煎服，每日1剂，日服2次。消乳汤有活血化瘀、疏肝理气、化痰散结的功效，中医里常用于肝气郁滞、痰凝聚结，肾阴不足证，而乳腺增生正属于这个范畴。消乳汤虽好，笔者也要多说一句：一定要遵医嘱，不要自己盲目服用，请医生决定是否服用，怎么服用。

膻中穴：乳腺增生特效穴

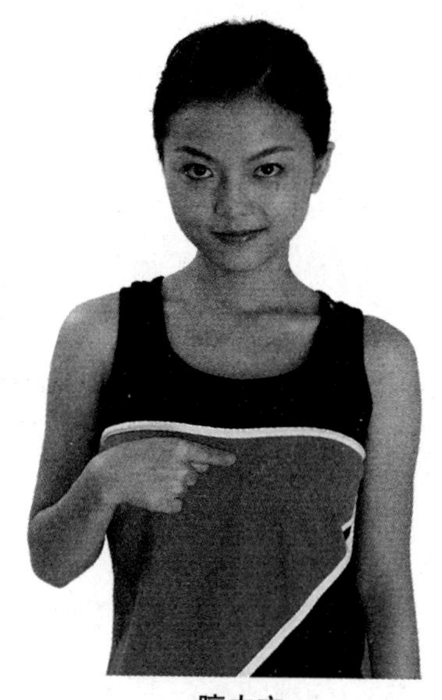

膻中穴

膻中穴是我们俗话说的心口窝的地方。膻中位于胸口，在人体躯干的黄金分割点上，其位置是两乳头连线与前正中线的交点，具有理气宽胸、清肺化痰的作用。按摩防治乳腺增生，首推膻中穴。膻中归属任脉，邻近乳房，是预防及治疗乳腺系统相关疾患必用的穴位，所以是“妇科要穴”之一。大家一定听过丹田穴，那么膻中也被称为中丹田，膻中还是心脏的小卫士，可以起到保护心脏、代替心脏承受外邪的作用，经常按摩它可以扩张血管，调整心脏功能，从而治疗心悸、呼吸困难等病症。中医学研究证实膻中擅长治疗各种与气有关的疾病，气机不通畅会让人心情低落，压抑。

方法： 每晚睡前用中指指腹顺时针方向揉按本穴3分钟，除了可以舒缓心情，还可以镇静安神，让我们睡个好觉。当你觉得心情不愉快、郁闷的时候，建议上下搓膻中穴，这个过程中你可能会有打嗝嗳气、排气等反应，说明身体里的气被疏通了，心情也会慢慢好起来。

老是生气，小心月经不调

月经不调是现代女性的常见病了，笔者平时门诊接待的就不少。月经不调其实是一个统称，月经过多或过少、痛经、经期提前或延后、月经次数变多或几个月都不来一次月经等，都属于这个范畴。引起月经不调的原因也是五花八门：器质性疾病，如子宫发育不全，以及寒冷刺激、内分泌失调等。还有一个很重要的原因——心情不好。在门诊的统计总结中，这个原因可是“独占鳌头”。

都是生气惹的祸

心情不好引起的月经不调，在中医看来，就是生气和抑郁影响了肝的疏泄功能，肝气郁结引发了身体上的反应。肝气畅达，冲任胞宫的气血才会运行通畅，月经该来的时候就会来。生闷气或者发脾气，都会影响到肝的疏泄，使月经变得紊乱。而从现代医学的角度看，月经是卵巢分泌的激素刺激子宫内膜后形成的，而卵巢分泌激素又受到下垂体和下丘脑释放激素的控制，经常生气可影响到下垂体和下丘脑的功能，从而影响到月经的正常。所以，防止月经不调，保持好心情是重要的一条。特别是月经期间，要少生气，也不要思虑过多，情绪上的起起伏伏都可直接影响到月经的出血量，甚至月经期的长短。

放松下来，月经也会好

既然月经不调跟心情的关系这么大，那就要从“心”开始进行调养。调节心情的方法很多，如听听轻音乐，听听自然的声音，能让心情放松，变得愉悦起来；看一些幽默的电影，也能让自己的心情变好；心烦气燥的时候可以去公园散步，什么都不想，感受一下大自然的美好，享受悠闲的时光，等等。总之，月经前后和经期的那几天，尽量避开有可能让你心情变坏的人和事儿。

辨证调理，和月经做“好闺蜜”

生气引起的月经不调，虽然根源在生气，但它表现出来的症状和证型却不一样，所以在调理上也要“辨证”，因人而异选择“药方”。

肝火旺盛：脾气比较冲动、暴躁，动不动就生气的朋友，容易因为生气动怒而加速体内的血液循环，使月经量变多、月经周期变长。这也是肝火旺盛的表现，人若肝火过旺，热扰冲任，迫血前行，就会月经量多、月经提前。这种情况除了尽量少生气，让自己平静下来，也可以经常喝菊花茶清肝火。喝菊花茶的时候，建议加点儿枸杞子，因为菊花性微寒，加点儿枸杞子能中和一下，长期喝也不会伤身，还有养肝明目的作用。也可以时不时按摩一下合谷穴。这个穴位很好找，就在虎口凹陷的那个位置。中医认为这个穴位的用处很多，比如阴虚火旺导致的牙痛、眼睛红肿、鼻出血、咽喉肿痛之类的，都可以按摩合谷穴来帮助消火。

合谷穴

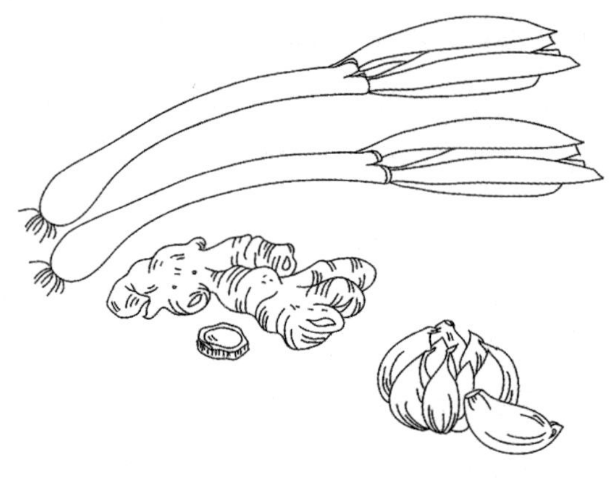

肝阳偏亢，肝血不足：也有的人虽然爱发脾气，肝火旺，但月经量却不多，经期也比较短，这多半是肝阳偏亢、肝血不足造成的。中医里强调阴阳和谐，肝血相当于肝阴，肝火相当于肝阳，有一分阴就有一分阳，阴亏一分，阳就相当于多一分，肝阴亏虚，肝阳相对旺盛。对于这种情况，就需要滋肝阴、养肝血了。动物肝脏是养肝血的上品，月经量少、月经期短的女性朋友可以每周吃1～2次猪肝粥或鸡肝粥。也可以喝乌鸡汤，乌鸡滋阴补血的效果不错，而且汤汤水水的最滋润人了。乌鸡汤的做法也简单：乌鸡半只，姜片、大葱、料酒、盐各适量，红枣5～10颗，枸杞子10粒左右。乌鸡先放进锅里煮开，去掉浮沫，再另起一个砂锅，放入乌鸡、红枣、枸杞子和料酒、葱、姜，大火煮开后转小火炖2～3小时，加盐调味就可以了。

肝气郁结：也有的女性朋友爱生闷气，把什么事情都憋在心里不说出来，这种是最容易造成肝气郁结的了，而“气为血之帅”，血液的正常运行，有赖于气的正常推动，肝气郁结则可使气不行、血行不畅，停留而瘀。中医里说“通则不痛，通则不痛”，血瘀的女性朋友来月经时，容易因为经行不畅而导致痛经。对于这种情况，调养重在“通”，让气血顺畅地“跑”起来。食疗推荐山楂红糖饮，方法：生山楂肉50克，红糖40克。山楂水煎去渣，冲入红糖，趁热饮用。红糖是活血祛瘀的好帮手，搭配活血养血的山楂，调经作用不错。不过，月经期间就先不要喝了，以避免出血量突然增多而产生不适。可在平时喝，每周喝的次数要遵医嘱。

另外，还有一种情况，就是经常生闷气，可影响气机的顺畅，使气的温煦功能失调，导致寒的症状，而寒是痛经的重要原因之一，尤其是寒加上血瘀，总是让很多女性朋友一到要来月经的日子就苦不堪言。对于这种情况，可以经常吃益母草汁粥来调理，方法：准备鲜益母草汁10克，鲜生地黄汁、鲜藕汁各40克，生姜汁、蜂蜜各适量，大米100克。将大米煮粥，待米熟时，加入上述诸药汁及蜂蜜，煮成稀粥即成。益母草是“妇科圣手”，有温煦身体、祛除寒证，以及滋阴养血、调经消瘀等功效。除了益母草的帮忙，体寒痛经、手脚冰凉的女性朋友，还可以艾灸肚脐。方法：艾条点燃后灭掉明火，然后对着肚脐2～3厘米的距离艾灸5～10分钟。艾有调经的作用，配以火的阳，驱寒祛瘀的效果很不错，而且肚脐上的神阙穴有回阳固脱、健运脾胃等作用，艾灸这个穴位，可壮阳气、健脾气，身体气足了，温煦功能恢复正常，痛经也就自然消失了。

以上只是笔者对部分月经不调的一些调养建议，具体应遵医嘱。

生活饮食小细节，都要注意

不论是哪种证型的月经不调，都要注意生活饮食上的小细节。

饮食应清淡、容易消化：可以多吃豆类、鱼类、瘦肉等高蛋白质食物，这些食物有助于增加体力，帮助抵御各种让你心情不好的因素，也让你更有力量对付痛经。

月经期间要多吃蔬菜水果：但是记住不要吃刚从冰箱里拿出来的冰冷的水果，最好也不要吃凉性的瓜类。水果含有丰富的维生素C，而维生素C的重要作用是促进生血，有助于减轻因经血下行而出现的缺铁症状。

忌吃生冷寒凉的食物：它们可影响气血的运行，容易导致血瘀，影响经血下行，而且容易导致骨盆充血，加重患妇科炎症的概率。

忌吃辛辣的食物：它们虽然可以促进血液循环，但在月经不调而感到烦躁时吃，不仅会刺激肠胃，还有可能加重肝火阳亢、肝血不足的情况。

忌喝碳酸饮料：月经期间很多人会出现疲乏无力和精神不振的现象，这是经血下行而造成的铁质缺乏，而碳酸饮料含有大量的碳酸盐，容易与体内的铁质发生反应，从而加重疲乏的症状。

调经食疗方：益母草煮鸡蛋

益母草煮鸡蛋具有通经、止痛经、补血、悦色、润肤美容功效。烹饪简单，营养丰富，适用于月经先期有胸腹胀痛者。鸡蛋具有滋阴养血的作用。现代药理研究认为，益母草可通过松弛痉挛状态下的子宫、缓解炎症等多种途径起到抗痛经、活血化瘀的作用。益母草与鸡蛋合用可起到行气、养血、活血、祛瘀止痛的作用，可谓痛经患者的食疗佳品。

做法：先将益母草择去杂质，清水洗净，用刀切成段，沥干水。把鸡蛋全部放入水中，逐一清洗净。将益母草、鸡蛋下入锅内，加水同煮，20分钟后鸡蛋熟，把外壳去掉，再放蛋在此汤中煮15～20分钟即成。

调经要穴：关元和带脉

关元穴：延年益寿的神奇穴位

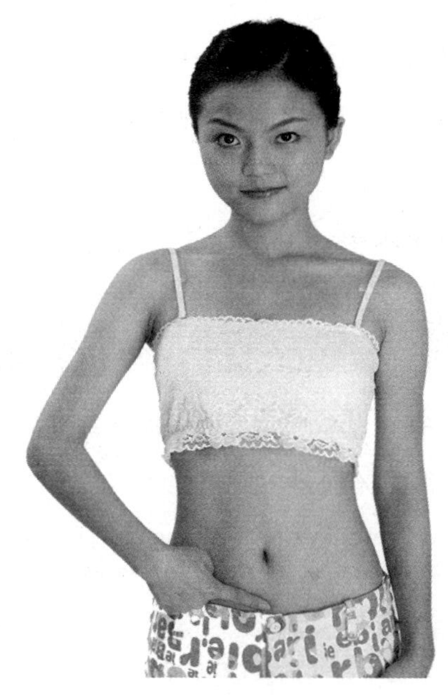

关元穴

关元穴是养生保健、延年益寿的要穴，能够温肾固本，补气回阳，通调冲任。关元在道家和气功中称为丹田，看它的名字就可以知道功效是什么了，是关住我们身体里元气的地方，所以对身体健康异常重要。那它跟调节我们的心情有关系吗？一方面由于焦虑、抑郁状态时气机淤滞，不能很好运行，另一方面也有些人存在气的不足，因此按摩、艾灸这个穴位，把阳气补养好，对缓解痛经非常有帮助。另外可以使气运行舒畅，提升身体的舒适度，心情也会随之改善。经常按摩、艾灸这个穴位有大补元气的作用，因此是养生要穴之一。

带脉：调经又瘦身

以肚脐为中心画一横线，以腋下为起点划一条竖线，两条线的交点就是带脉穴。它象一条带子一样约束着纵行的经脉。按摩带脉穴可以温补肝肾，通调气血，排毒养颜。经常按摩敲打带脉穴可以通便、养颜，塑造小蛮腰，同时也可以缓解女性痛经、月经不调等不适。如果腹部着凉，很容易造成代脉的经气淤堵。因此，平时多注意腹部保温，少穿低腰裤、露脐装，以免造成代脉淤堵。还可以每天晚上睡觉前，躺在床上，用手来回敲打带脉穴，用力适中，最好能够坚持每次100～300下，可以有效减少腹部赘肉。身材变好，心情自然随之变好。

查一查，月经不调离你有多远

什么是月经不调？从字面上看，就是月经不听话了，包括月经的周期、经期长短、经量的多少发生异常。月经不调的症状主要为如下几种。

· 月经提前：平时月经周期正常，突然出现月经周期缩短（少于21天），而且连续出现2个周期以上，但月经量正常，这种情况就是月经提前。

· 月经推迟：平时月经规律，突然出现月经来潮延后7天（35天）以上的情况，并连续持续2个周期以上，但经量正常，这种情况即月经推迟。

·经期延长：即经期延长，超过7天以上，甚至2周才干净。

·月经量多：经期每日的失血量多于80毫升，或者比以往的经量明显增多，称为月经量多。

·月经量少：月经周期基本正常，经量明显减少，或经期缩短不够2天，并伴有经量少的，都属于月经量少。

·痛经：就是经期时小腹胀痛明显，严重者可能伴有脸色发白、手脚冰凉、不能起床等症状。痛经分为原发性痛经和继发性痛经两种，原发性痛经指生殖器官无器质性病变的痛经，继发性痛经指由盆腔器质性疾病引起的痛经。

学点心理学，保持好心情

 忠于自己的内心——三人成虎和韦奇定律

每个人一生中会面临很多问题、很多选择，很多时候我们需要做好心理建设，才能让自己活得更快乐和坦然。学习一点儿心理学知识能让我们的内心更加阳光和强大，在处理问题时，也能站得更高，想得更远，做出的决定更明智，生活之路也能更顺遂。

老子《道德经》中说“知人者智，自知者明”，就是一种心理学层面上的涵义，指导我们要深层次地知人和自知。

三人成虎是一个一直在用的成语和典故，这个典故出自《战国策·魏策二》。庞葱要陪太子到邯郸去做人质，庞葱对魏王说：“现在，如果有一个人说大街上有老虎，您相信吗？”“魏王说：“不相信。”庞葱说：“如果是两个人说呢？”魏王说：“那我就要疑惑了。”庞葱又说：“如果增加到三个人呢，大王相信吗？”魏王说：“我相信了。”庞葱说：“大街上不会有老虎那是很清楚的，但是三个人说有老虎，就像真有老虎了。如今邯郸离大梁，比我们到街市远得多，而毁谤我的人超过了三个。希望您能明察秋毫。”魏王说：“我知道该怎么办。”于是庞葱告辞而去，而毁谤他的话很快传到魏王那里。后来太子结束了人质的生活，庞葱果真不能再见魏王了。

在这个故事里，因为流言，庞葱成了牺牲品。而魏王，因为听信了谣言，改变了自己最初的想法。

三人成虎所揭示的问题还有一个心理学专业的概念——韦奇定律。就是说我们也许有着自己的见解，但是在别人的怂恿下就会改变自己的初衷。韦

奇定律关键在于坚持自己所想所做。认准的事情不会轻易因为别人的意见左右，坚定自己的信念，不动摇。

每个人都有自己的人生目标，每个人的思维方式也不一样。所以，一旦选定了自己人生的目标，选定了想要的生活方式，就不要用别人的观念来衡量自己的价值。做自己喜欢做的事情，坚持不懈，终成正果。盲目听信别人的评论，不加思考地采纳别人的观点，只能导致自己无所适从，迷失最初的方向，最终一事无成，更谈不上开心快乐了。

PART 5 心情不好，代谢系统容易失去平衡

笔者曾做过一项研究，分析工作压力和2型糖尿病的发生有没有直接关系，答案是有的。也就是说，总在高压的工作及环境下生活，发生2型糖尿病的概率将升高。值得注意的是，女性尤其明显。2型糖尿病是典型的代谢系统疾病，而甲状腺疾病、高脂血症，甚至是高血压，都属于代谢系统疾病范畴。举个简单的例子，总处于压力环境，身体产生的肾上腺素等激素会激发身体克服这些压力，如果你总让自己的血管、细胞承受着高水平的某些兴奋型激素，它们是不是会疲惫而罢工呢？一定会的，结果复杂的代谢系统就会失去平衡，发生各种疾病，比如糖尿病。

“吾有三宝，持而保之。一曰慈，二曰俭，三曰不敢为天下先。”

——《道德经》

气出来的糖尿病

说到糖尿病，笔者想起临床中遇到的一个“特殊”案例。

张女士55岁了，已经有了个小孙子，本来应该含饴弄孙，过幸福的日子了，但家里要拆迁，因为拆迁款和房子问题跟儿媳妇闹起了矛盾，两人基本上天天都“横眉冷对”的。一天张女士吃完饭后就带着小孙子出门遛弯了，路上突然感到口干舌燥、心悸、浑身出虚汗，她眩晕跌倒在邻居家门口。小孙子的哭声引来了邻居和家人，急忙把她送到医院，检查显示张女士得了糖尿病。检查结果让大家都很吃惊：“平时看着好好的，什么都正常，怎么就得了糖尿病？”了解到张女士近期的状况，笔者告诉张女士的家人，她的糖尿病是“气”出来的。虽然这有“吓唬”他们的成分，但是二者确实有着密切相关性。

心情不好？中老年人是易感人群

生气也能“气”出糖尿病？你别不信。我们的身体很复杂，基本上是一环扣一环，这个出问题了就会影响到另一个的功能。这就是中医说的“整体观念”，身体是一个有机整体，任何部分都不是孤立存在的，包括情绪。就拿糖尿病来说，它的发病与胰岛素的分泌不足或相对不足有关，而胰岛素的分泌除了受内分泌激素和血糖等因素的影响，人体自主神经功能的波动也会影响它的分泌量，现代医学还证明其中有很多更为复杂的机制。

还有我们的情绪，大脑的边缘系统就是它的调节器，而大脑边缘系统又有调节内分泌和自主神经的功能，也就是说，心理因素可以通过大脑边缘系统和自主神经系统这两座“桥梁”来影响胰岛素的分泌。不过这种影响分好坏，笔者这里要说的就是坏的影响——当人总是处于紧张、焦虑、恐惧、受惊吓或者抑郁之类的情绪时，交感神经就像打了鸡血似的保持兴奋，直接抑制胰岛素的分泌。另外，交感神经跟肾的关系不错，它可作用于肾上腺髓质，使肾上腺素的分泌增加，而肾上腺素的分泌会抑制胰岛素的分泌。

看了上面这段文字，是不是觉得这里的弯弯绕绕很多，都看迷糊了？其实，总结下来就一句话，一个人若长期处于不良情绪当中，很可能影响胰岛素的分泌，导致糖尿病。同样的道理，这些不良情绪总是“阴魂不散”，还会使得糖尿患者病情随着心情的好坏反复或加重。

在临床中，笔者发现一个“奇怪”的现象，就是不良情绪对胰岛素分泌的影响比较青睐中老年人。其实想想也不奇怪，青年人身强力壮，身体的修复能力相对较强，而中老年人的身体在走滑坡路，分泌功能减退，胰岛B细胞数量逐渐减少、功能下降，很容易受到其他因素的影响。

半年一体检，防患于未然

跟肥胖、血糖高等诱发的糖尿病不同，情绪因素导致的糖尿病，平时看起来并不严重，或者有的人就像张女士一样，基本上没有症状，积累到一定的程度才会“爆发”。所以，对年轻人来说，为人子女，应尽量避免让老人生气，以免把老人“气”出病来。不仅如此，还要多关爱老人，陪老人聊天，帮他们排解孤独和苦闷。家里老人脾气比较暴躁的，可以帮老人培养兴趣爱好，转移他们的注意力，变得不那么“争强好胜”，变得淡定起来。家里有条件的，最好是每半年给老人安排一次体检，血糖、血压、血脂的检查必不可少，要知道糖尿病、高血压、高脂血症可“喜欢”老人这个群体了。

血糖想要“逆袭”？你需要正能量

关于糖尿病，本书的主题围绕“心”，那就从“心”出发，说说我对于“逆袭”糖尿病的一些心得。

都说“心情好，病就好了一半”，这句话也适用于糖尿病患者。为什么呢？一是心情不好本身就是糖尿病病发的“导火索”之一，二是身体上的不适会让人变得烦躁、焦虑或者恐惧，三是会给患者带来比较大的精神压力。那么，问题来了，糖尿病患者怎样才能从不良情绪中逃离出来呢？笔者推荐一个方法——从相反的方向思考问题。这个方法在心理学上称为反向心理调节法，听起来很高深的样子，其实很简单，就拿笔者以前看过的一个寓言故事举例。

两个工匠去卖花盆，路上发生了事故，大部分花盆都打碎了。一个工匠很伤心很郁闷，说：“完了，完了，打碎了这么多花盆，真是倒霉透了！”另一个工匠却说：“还好，还好，还有不少花盆没有打碎，还可以拿到集市上卖，真是幸运！”看，同一件事情，从不同的方向来思考，心情却截然不同，这就是“境由心生”！

说完这个故事，笔者不得不再“说教”一下：得了糖尿病，与其唉声叹气、惶惶不安，不如反向思考，告诉自己还好发现得及时，症状还不是特别严重，让心情由“阴”转“晴”。要相信，好的心情能让你变得更有战斗力!

下面还有一些方法，对糖尿病患者恢复好心情、获得正能量也很有帮助，可以试试：

“活到老学到老”。买一些有关糖尿病的书，上网查查相关的知识，或者参加糖尿病知识讲座、学习班，多跟病友交流各自的经验体会，既能获得知识，又能多交朋友、消除孤独感，一举两得。值得强调的是，一定要阅读专业权威书籍，获取专业的知识，不能轻信一些网上的小偏方等，要认识到糖尿病是一个终身疾病，治疗不可能一蹴而就，没有任何药物可以让糖尿病一下就治愈了。

放松放松再放松。打打太极拳，练练瑜伽，或者是在公园的小路上散散步，跟老伴儿在广场上跳跳舞……这些放松运动，都能让你的心情变好。还可以做一些自己喜欢做的事情，或者是想做但以前没有时间做的事情，让自己的心情变得舒畅起来。

需要注意的是，有的人情绪比较敏感，生病之后可能走不出坏情绪的阴影，出现抑郁、焦虑、失眠、神经衰弱等情况，必要时应在医生的指导下进行药物治疗，吃一些稳定神经或有助于调节心情的药物。注意，一定要在医生的指导下用药，切忌自行盲目服药!

D型性格的人得了糖尿病怎么办

在上面的小节里，笔者提到了反向调节法，鼓励大家从好的方向去认识糖尿病，但在临床上也常遇到一些非常“纠结”的人，其中一位老大爷给笔者的印象特别深刻：这位老大爷确诊糖尿病有几年了，刚开始出现并发症时表现出来的症状是足部水肿，其他指标都正常，但他觉得自己的病情非常严重，坚持要住院。在住院期间，他看到有的病友足部都溃烂了，还有的病友眼睛看不见东西，还听病友说有的人因为糖尿病病发脑出血没抢救过来，等等。这些“遭遇”让他非常惊恐，吃不下睡不着，总想着自己会不会也变成这样，身体上一有不舒服就说自己是不是快完了。他不敢自己待着，要求老伴和孩子每天都陪着他。即使诊断结果显示他恢复得很好，他还是孩子气地认为自己病得很严重了，不愿意出院。

老大爷这种情况其实是典型的D型性格。D型性格最大的特点就是在压力环境下过度反应，容易紧张、焦虑，没有安全感，依赖性强，而这些都可引起高水平的肾上腺皮质激素分泌，对糖尿病的恢复是非常不利的。人的性格很难改变，特别是像老大爷这样年纪大的人。那怎么办呢？没有什么特别神奇的方法，一般做法就是人为干预。

人的情绪容易受到外在事物和环境的影响，当外在的事物和场景发生变化时，人的情绪也会发生改变。笔者了解到老大爷喜欢打太极拳，就给他开了一个“方子”——每天至少打30分钟的太极拳，然后交代他的家人天气不错的时候带老大爷去医院附近的公园里打太极拳。在公园里，同龄人的积极乐观感染了老大爷，再加上专心投入地打太极，使他不知不觉中放下医院里的“糟心事儿”。老大爷去公园打了几天太极，加上家人和公园里大爷大妈们的劝说，他“动摇”了住院的想法，最后“半推半就”就出院了。

糖尿病患者不论是哪种性格的，除了保持好心情，还要注意生活上的细节，比如注意天气变化，预防感冒，因为感冒发热容易使血糖、尿糖升高；饮食控制要合理，每日主食根据劳动强度、体重控制在5～7两（250～350克），不要吃高糖分、高脂肪、高盐分的食物，多吃富含膳食纤维的蔬菜；不要熬夜，等等。要注意的方面实在太多，我再啰嗦一下——一定要保持好心情！

管住嘴迈开腿，心情跟着High起来

我们都知道，对于需要控制血糖的人，应该管住嘴迈开腿，人是身、心合二为一的整体。适当运动不仅能使人强身健体，还会对人的心理产生影

响，起到健心的作用。研究表明，加强锻炼有助于改善人们的心理健康，而且能改善焦虑和抑郁症状。而且，运动是消耗过多血糖最有效的方法，所以千万懒不得。

经常参加各种运动，能使人精神愉快、心情舒畅、充满活力，克服对快节奏生活的抵触、怨烦、恐惧和焦虑等心理障碍，稳定心理情绪，抑制身心紧张；运动能培养人的意志，参加体育运动有助于培养人勇敢顽强、坚持不懈的作风，团结友爱的集体主义精神与机智灵活、沉着果断的品质，还能使人保持积极向上的心态。比如跑马拉松除了锻炼身体，更多的是磨练意志，战胜自我。体育运动能培养合作与竞争意识，而合作与竞争是现代社会对人才的要求。体育运动是在规则的要求下，使双方在对等的条件下进行体能和心理等方面的较量。 如果参加的是竞技比赛，在比赛中能够锻炼沉着冷静、机智果断、结构健全的心理。

世界卫生组织和英国国家健康和保健医学研究所也提出，建议在抑郁症的标准治疗中加入体育锻炼。一项研究综述发现，在一个人没有寻求任何其他治疗方法的情况下，锻炼对抑郁症症状的积极影响尤其明显。目前的分析结果表明，与各种类型的对照因素相比，运动是一种有效的抑郁症干预手段。运动作为一种独立治疗的手段效果是非常明显的，与不干预的情况相比，效果尤其显著。

锻炼为何有助于减轻抑郁和焦虑呢？有证据表明，可能锻炼有益于我们的免疫系统和整体健康。当然，除此之外还有很多可以解释的原因来支持，研究人员并不完全确定其中的具体机制。这也可能是因为运动会促使我们的大脑释放会使我们感觉良好的神经化学物质，比如内啡肽。

运动能够提高你的自我评价，多做运动使你的身体健康，这反过来又有助于保持你的心理健康。当做一些事情来使自己变得更好时，你对自己的评价也会提高。

带来更优质的睡眠。有规律的运动有助于我们调控关系睡眠质量的两个主要机制——昼夜节律和体内平衡节律。所以更有规律的运动意味着更优的睡眠，而更优的睡眠又意味着更好的心理健康。

运动可以增加社交互动，虽然锻炼不一定非得是一项社交活动，但如果你参与其中，也会从其中的社交互动中受益。

选择一种健康的解压方式，应对生活中的压力有很多方法，而运动绝对是健康的方法之一。它能让你在不伤害自己或他人的情况下更有效地应对生活中的挫折。

除了常见的慢跑、爬山、球类等运动外，大家还可以考虑一下中医传统运动，比如太极拳。目前中国文化被全世界所关注，太极拳已经不是老年人的养生专属了，年轻人如果能够行云流水般地打一套太极拳，也是非常酷的。太极拳是中华传统文化的形体语言，历史悠久。太极拳将意、气、形结合成一体，使人体精神和悦、经络气血畅通、脏腑机能旺盛，达到形神兼修、平静内心的作用。

糖尿病药膳食疗

糖尿病的患者多饮多食，非常容易口渴，那么可以用以下的方子，帮助控制血糖并改善口渴等症状。

糯米桑根茶：糯米（炒黄）、桑根白皮各30～50克，水1大碗，煮至半碗，渴则饮用。可以有效滋阴，改善口渴。

枸杞粳米粥：枸杞子20克，粳米50克，同煮粥食用。

山药粥：山药50～60克（鲜品100～120克），粳米60克。山药洗净切成片，同粳米煮成粥。供四季早餐食用，用于多食易饥饿。

南瓜汤：南瓜1000克切块，加水适量，煮汤后随饭饮用。南瓜富含维生素，是一种高纤维食物，虽然不能直接降低糖尿患者的血糖，但富含的粗纤维能增加饱腹感。

敲胆经好处多

闲暇时还可以敲击胆经进行保健。因为肝气太旺还得靠胆经来疏泄，肝胆二经互为表里，敲胆经能促进肝的疏泄功能。而且，敲胆经能促进胆汁分泌，有助消化。每天在两大腿外侧沿胆经循行路线用力敲打即可，时间可在10分钟左右。持之以恒还有瘦腿的功效。

控制血糖，练练易筋经也是极好的选择

中医认为，经络者，处虚实，调百病，决生死。人体的诸多毛病，皆因经络不畅所致。而做好导引，能疏筋骨，通经络，让气血正常运行。

易筋经小孩子练习可以助力筋骨发育，中老年人练习可以解乏。易筋经动作简单易学，只要2平方米的地方就可以。坐久了站起来拉伸一下肩颈，放松一下腰背，经常做，能非常有效地预防颈椎、腰椎的病痛。此外，很多人工作压力大，容易产生抑郁情绪，在压力大的时候，可以通过吐气等动作进行调节。

和太极拳相比，易筋经只有12个动作，每个动作难度系数也不大，只

要“伸伸胳膊，扎个马步”就可以了，做一遍大约20分钟，身体能微微出汗，不受场地限制，活动地盘不大，看电视、听广播时就能练。具体动作不在这里赘述，大家可以通过各种网络资源找到一些教学视频，简单的动作，就可以起到有效疏筋骨、通经络的作用，对提升心血管系统、呼吸系统、消化系统功能，对控制血糖，与对提高平衡能力、柔韧性和肌肉力量有很好的效果，除此以外，还对锻炼者的情绪产生积极影响，可以降低焦虑和抑郁程度，是一种非常好的门槛比较低的中医养生运动。

体检查出了甲状腺结节

吴女士今年32岁，因为工作忙，一直没要孩子，最近她去做了孕前体检，计划着身体情况良好就准备要个宝宝了。检查结果出来后各项指标都很好，只有甲状腺上检查出了5毫米的小结节。医生建议她去查查甲状腺功能，因为甲状腺线功能异常可能影响怀孕生宝宝。

如果甲状腺激素分泌过多，也就是甲状腺功能亢进，会影响妊娠，常见的并发症包括流产、早产、胎儿宫内发育迟缓、妊娠高血压等。而如果甲状腺激素分泌不足，也就是甲状腺功能减低，也会影响妊娠，常见的危险包括妊娠高血压、胎盘剥离、自发性流产、胎儿窘迫、早产以及低出生体重儿、胎儿智力发育障碍等。

因为有了这些担忧，吴女士只能暂时放弃了要宝宝的想法。

甲状腺结节已经成了新的流行病

据笔者了解，目前临床上，医生所接诊的甲状腺患者中，1/3有甲状腺结节，是不是听起来有点吓人？

甲状腺在颈部正前方位置，喉结下方，形似蝴蝶，是人体最大的内分泌腺。甲状腺能分泌甲状腺激素，这种激素在人的生长发育和新陈代谢方面扮演着重要的角色。

甲状腺结节是由各种原因导致甲状腺内出现一个或多个组织结构异常的团块，多在触诊或超声检查中发现，按病因分为增生性结节性甲状腺肿、肿瘤性结节、炎症性结节等。我国2008年成人体检甲状腺结节平均检出率为29.8%，2014年增长到41.3%，其中老年人和女性甲状腺结节的检出率较高。甲状腺结节大多是良性的，仅5%～10%是恶性的。

检查出甲状腺结节的患者中女性占多数，男女比例约为1∶3.8，在各年龄段人群都可以发生。

大多数甲状腺结节是良性的，只要没有气管压迫，也不影响外观和生活，是不用治疗的。

中医说甲状腺结节

甲状腺结节属于中医的“瘿病”或者“瘿瘤”。《济生方·瘿瘤论治》中说：“夫瘿瘤者，多由喜怒不节，忧思过度，而成斯疾焉。”陈实功《外科正宗·瘿瘤论》中说：“夫人生瘿瘤之症，非阴阳正气结肿， 乃五脏瘀血、浊气、痰滞而成。”这说明该病与情志内伤、环境因素、饮食失调等有关。

甲状腺结节的形成主要是因为甲状腺助肝疏泄功能失调所致。病位主要在肝脾，与五脏相关。长期喜怒不节、忧思过度，使得气机郁滞，肝失条达，脾失健运，痰湿内生凝结颈前所致。

通过上述分析可以看出，甲状腺结节的发病与不良情绪密切相关。如果你是女性，并且比较情绪化，就一定要警惕甲状腺问题。

得了甲状腺结节，饮食上要注意

查出甲状腺结节之后，也不要过度焦虑，应该从生活上着手，改变一些不良的习惯，首先是从饮食入手。

不宜吃的食物

以下4类食物是甲状腺结节人群应该少吃或者不吃的。

含碘高的食物：我们常吃的食物，如海带、海鲜等，碘元素含量很高，不建议有甲状腺结节的人吃。过多食用这类食物，可能会加重甲状腺结节。

酒类：很多人就好每天喝两口小酒，也有的人是因为工作原因，经常要应酬喝酒，如果有甲状腺问题，要注意避免喝酒。人在喝酒时，会刺激到甲状腺，损伤甲状腺功能，日积月累会加重甲状腺结节。

辛辣食物：很多人喜欢重口味，比如重油重盐类食物，其实这些食物是很不健康的，尤其是平时无辣不欢的人，如果有甲状腺结节，一定要尽量克制，少吃或是不吃。

油炸食物：甲状腺结节患者要少吃油炸食物。油炸食物很可能会增加甲状腺的负担，而且还会导致病情恶化。

推荐食物

那么，知道了哪些食物是不宜吃的，对甲状腺结节患者来说，日常饮食多吃点什么好呢？建议多吃些高纤维的食物，如新鲜的蔬菜、水果，粗粮如燕麦、花生及豆类等，注意摄取高质量的蛋白质。

多吃醋：醋是常见的调味品，平时吃饺子、包子、面条时，很多人喜欢用醋来调味。除了开胃之外，醋还有非常不错的消毒杀菌效果，可以保护人的血管。中医认为，醋有软坚散结的功效，甲状腺结节患者多吃点醋能缓解甲状腺结节的症状。

多吃白萝卜：甲状腺有结节的人，可以将白萝卜洗干净之后用来煮水喝，有助于平衡机体内分泌功能，防止结节的生长。

多吃土豆：土豆看起来不起眼，却能够帮助活血化瘀、消肿止痛，能够抑制甲状腺结节的增长，有甲状腺结节的人可以多吃。它还有缓解消化不良、习惯性便秘的作用。

多吃丝瓜：丝瓜具有很强的活血通络作用，能够帮助解毒消肿，甲状腺结节的患者不妨经常吃点丝瓜，对抑制甲状腺结节增长有一定帮助。

预防甲状腺结节的生活细节

既然甲状腺结节如此高发，我们生活中应该注意些什么呢？

首先要注意休息。现在生活节奏快，很多人成了熬夜党，晚上喜欢三五成群地出去吃烧烤或者熬夜玩手机，刷电视剧。经常熬夜、睡眠不足会加重身体负担，让身体内的器官没有休息的时间，导致内分泌紊乱，首当其冲的就是刺激甲状腺，引发甲状腺结节。

另外，需要提醒一下，饭后一小时内，尽量休息，不要着急干家务、运动或者工作，避免身体过于疲劳。

第二是注意保持好心态，即使工作压力大，孩子不听话，老人身体不好，也要努力保持心态平和，要相信世上没有过不去的坎，平和的心态可能反而会给我们带来好运气。

第三是适当参加运动。很多人白天上班8小时，晚上回家就瘫在床上，吃饭靠外卖，购物靠网络，娱乐靠手机，连门都很少出，更别提运动了。长期不运动，不仅容易导致体内的新陈代谢紊乱，还容易让身体内的毒素垃圾无法及时排出，从而在体内堆积，降低身体抵抗力和免疫力，增加甲状腺结节发生的机会。

所以，一定要让自己动起来，上下班可以走两站，午休时间可以逛逛公园，晚上可以健步走或者慢跑，这些运动能改善你的呼吸、循环和内分泌系统功能，还能陶冶情操，保持健康心态，对预防和改善甲状腺疾病大有裨益。

学会穴位按摩保养甲状腺

按摩方法简单方便，随时随地可以做，而且容易学会，不妨试一试。

1.按摩廉泉穴

廉泉穴在颈部，舌骨下面的位置，它的功效是清热化痰、消痈散结，这里的“结”，也可以理解成结节。

方法：用拇指指腹按压廉泉穴，每次5分钟，坚持下去就能看到效果。

廉泉穴

2.按摩天突穴

天突穴是任脉上的一个穴位，位于人体的颈部，当前正中线胸骨上窝中央，主治咳嗽、哮喘、胸中气逆、咽喉肿痛等病症。经常按摩这个穴位能帮助理气散结，逐渐软化甲状腺结节。除此之外，常按天突穴还有助于治疗慢性食管炎和咽喉炎等。

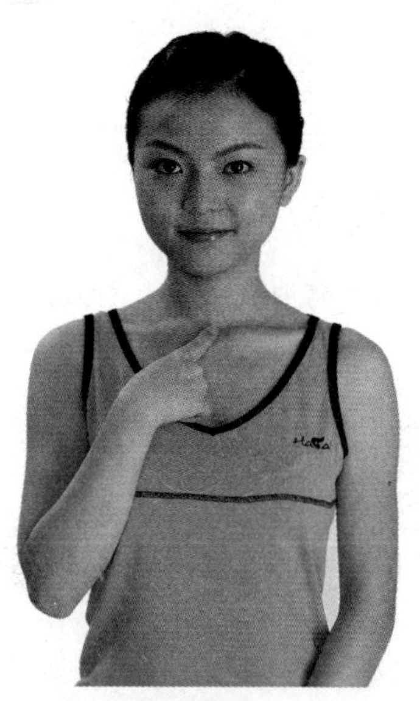

天突穴

3. 按摩人迎穴

人迎穴也位于人体颈部，喉结旁，胸锁乳突肌前缘，颈总动脉搏动处。每天按揉此穴位，能疏通颈部经络，消除颈部淤堵，从而到达调治甲状腺结节的目的。

人迎穴

当然，如果甲状腺出现结节，一定要听从医嘱，及时进行甲状腺功能检查，不能因为害怕而讳疾忌医。如果甲状腺功能没有出现问题，可以按照上述介绍的方法在家进行调理。另外，一定记得保持好的心态。

最后，再介绍一个甲状腺功能的自测方法，希望对读者朋友们有帮助。

甲状腺功能的自测法

甲状腺虽小，但对人体功能的影响特别大，下面给大家说一说怎么通过自测来判断自己的甲状腺功能。

测试甲状腺功能亢进的方法

（1）经常感到焦虑和焦躁

（2）手和手指在轻微颤抖

（3）心率很快，经常出汗

（4）爱掉头发，指甲生长速度比之前快

（5）眼球有突出

（6）经常感到乏力

（7）尽管食欲增加，体重却下降了

（8）月经变得紊乱

以上8条，如果你占了4条以上，那一定要去正规医院检查一下是否有甲状腺功能亢进。

测试甲状腺功能减低的方法

（1）常感到疲劳和欲睡，精力不足

（2）难以集中注意力，记忆力变差

（3）体重一直在增加，身体有肿起来的感觉

（4）比周围的人怕冷

（5）经常感觉情绪低落、悲观消极

（6）动作和反应变慢

（7）血压升高、心率变慢

以上7条，如果你占了4条以上，建议去正规医院检查一下是否有甲状腺功能减低。

学点心理学，保持好心情

帮助别人就是帮助自己：跷跷板原则

跷跷板原则，简单说就是互利互惠。给予看似牺牲，看似吃亏，而实际上，给予别人所需要的东西，你也能得到更值得珍惜的东西。生活中任何事情都是相互的，选择一个好伙伴，懂得与人分享，取长补短，才能在漫漫人生路上走得更远。

人与人之间的互动，就如坐跷跷板一样，如果某一方一直不愿意付出，一直站在高端，不让略低一端的人享受高端带来的快乐和享受，这场游戏就会很快终结。带来的结果也只能是，你也会落到平地上，大家不再有交流。

一位大学教授曾经做过一个实验：他从一群素不相识的人名中，随机挑选出一些人来，给他们寄去圣诞卡片。他估计可能会有一些回音。但随后发生的一切还是大大出乎他的意料。这些人回赠的节日卡片如雪花般地寄了回来。大部分给他回赠卡片的人根本就没想过打听一下这个陌生的教授到底是谁。他们收到卡片，自动就回赠了一张。这个实验规模虽小，却很巧妙地证明了人际互惠原则在人们行为中所起的作用。在现实生活中，我们总是采用尽量相同的方式回报别人为我们所做的一切。人与人之间的互动，就像坐跷跷板，任何关心、帮助和友好都是相互的过程。

从前，有两个饥肠辘辘的人得到了一位长者的恩赐：一根鱼竿和一篓鲜活硕大的鱼。其中，一个人要了一篓鱼，另一个人要了一根鱼竿，于是他们分道扬镳了。得到鱼的人原地就用干柴搭起篝火煮起了鱼，他狼吞虎咽，还没有细细品味鲜鱼的肉香，转瞬间，连鱼带汤就被他吃了个精光。不久，他便饿死在空空的鱼篓旁。另一个人则提着鱼竿继续忍饥挨饿，步履艰难地向海边走去，但是天高路远，因为一路上没有食物充饥，最终倒在了路上。几年后，两个同样饥饿的人，同样得到了长者恩赐的一根鱼竿和一篓鱼。只是他们并没有各奔东西，而是商定共同去找寻大海，他俩每次只煮一条鱼，在吃完最后一条鱼的时候，他们看到了蔚蓝色的大海，他们奔跑着来到了海边，用鱼竿钓起了他们的第一条鱼。从此，两人开始了捕鱼为生的日子，过上了幸福安康的生活。

赠人玫瑰，手留余香。跷跷板原则告诉我们，决定一个人是否成功，衡量标准很简单，就是能不能得到社会的认可。雷锋做的都是些平凡的小事，却成为伟人，就是因为他做的小事得到了社会的认可。我们身边有些人看上去事业很成功，却没得到社会的认可，就是因为这些人忘记了互惠的道理。自己成功不是真的成功，只有做到“我为人人”，让社会认可你的存在，才能实现真正的成就感，实现一个“我为人人，人人为我”互惠过程。

PART 6 心情不好，心血管系统遭殃

心血管科专家指出，在“茶饭不思”“借酒消愁”等不良情绪占据主导时，人体交感神经系统分泌出大量的压力激素，会使动脉收缩，容易导致心脏病发作。中医理论指出：“心为君主之官”，并掌管我们身体里所有的“情绪”。人一旦不开心，必然影响到我们身体里的“君主”，日子久了就会憋出心脏病。当你不开心时，是不是首先就感觉心胸憋闷，不舒畅。从中医理论来讲，心是五脏六腑之大主，心神受损还可以影响其他脏腑功能，进而影响全身健康。

"擦涌泉，摩肾俞，手挽弓，壁立足。"

——《修龄要旨》

生闷气"闷"出心脏病

生闷气大概是很多人，尤其是女性的通病吧。很多女性在遇到一些不如意的事情时，或者老公不给力，或者孩子太调皮，就自己一个人生闷气，闷闷不乐，也不说出来。在这里，笔者想说的是：不论男女，生气时别闷着，小心闷出心脏病来！

闷闷不乐，心脏最受伤

人在生闷气的时候，心脏特别受伤。因为窝在心里的闷气不能及时排出体外，继而入侵心脏，引起血流加速，心跳加快，加重了心脏的负荷。心脏的承受能力是有限的，当它承受不住的时候，就会受伤。经常生闷气，心脏容易被伤得"千疮百孔"，慢慢就发展成心脏病了。

还有一种情况，就是经常生闷气，闷着闷着，到一定的程度，或者遇到什么导火索时，一起转成愤怒爆发起来。中医说"怒伤肝"，而肝是生血、统血、摄血的器官，大怒之下，肝脏功能失调，血液循环会加速。心脏是人体回血的重要器官，血液加速循环，像洪水一样地冲击血管和心脏，使血压骤然升高，心脏负荷加重，耗氧量剧增，心肌细胞受损，心律失常，直至造成心绞痛、心肌梗死、心跳骤停等十分严重的后果。这也是我们在电视上看到的，一个人很生气或者情绪很激动时，心脏病发作的原因！

当然，并不是说生闷气就一定会得心脏病，但是经常生闷气会提高得心脏病的概率，患有心脏病的人如果经常生闷气，心脏病发作的风险也非常高！

生闷气不如“发脾气”？

有的读者朋友可能认为，生闷气不如发脾气，或者找个地方发泄发泄，比如去健身房运动，去酒吧喝酒之类的。关于这一点，笔者觉得要掌握好一个度。

生闷气就像吹气球，气球里面的气越多，气球就越大，但是超过气球的承受范围了，气球就会“嘭”一声爆炸，我们的心脏也是这样。所以，有气时不要闷在心里，适当地发泄出来。

但是，发泄也要注意方式，在办公室里摔键盘，在家里冲家人大吼大叫、摔东西，或者去健身房剧烈运动，去酒吧喝酒后跳舞，这些都是不可取的。冲别人发火，会给别人带来伤害，还容易结下怨恨，而剧烈运动、喝酒后跳舞虽然能让人暂时忘记不开心的事情，但是不良情绪加上身体的过度消耗，更容易让血压上升、心跳加速，进一步使心脏的血液供应减少，使心脏病发生的风险显著增加。

那么，怎样做才算掌握好度呢？笔者认为要掌握好以下三个度。

一是以不冲人发火为度。心里实在闷得慌，觉得自己喘不过气来，你需要找个地方“发脾气”。比如对着空旷的操场、草地大喊，或者找个没有人的角落吼几嗓子，能帮你把心中的气释放出来。如果能高歌一曲就更好了，舒畅情绪的同时还能练练肺活量。

二是以不损坏物品为度。有的人生气的时候就喜欢摔东西，电视、手机、凳子、键盘……说得现实一点，摔完还得花钱买，摔别人的估计赔得更多，还是违法的。万一越摔越激动，岂不是更坏事儿？如果实在想摔，就摔枕头吧，反正摔不坏，柔软度还不错，摔累了还能靠着睡。

三是以控制情绪为度。有的人发脾气，如果身边的人不耐烦，很容易话赶话大吵起来，让情绪变得更激动，还可能引发其他的事端。所以，我们要学会控制好情绪。实在闷得慌，喝杯清茶清清火，然后多做几个深呼吸，把身体里的浊气呼出去，让心情平复下来，你会发现自己的耐心和脾气都比以前好不少。

减少生闷气，一切都美丽

写着写着，笔者发现只提到生闷气时的处理方法，却忘了源头——预防生闷气。生闷气也能预防？当然！生活中我们生气，绝大多数是为了一些小事：

儿媳妇跟婆婆在一起，婆婆看不惯儿媳妇大手大脚花钱，就唠叨几句，儿媳妇心里不高兴但又不想跟老人吵架，就把事情闷在心里；准备了一桌子丰盛的晚餐，结果老公来电话说“不回来吃饭了”，失望大于期望，心里闷闷不乐；关心孩子，给孩子准备很多吃的喝的，交代孩子照顾好自己，却被孩子嫌弃自己啰嗦；帮儿女带孙辈，每天很累还要给他们做饭，但他们吃完就躺在沙发上，也不帮忙收拾，自己的心里很不舒服，但又怕自己说出来儿女不高兴……

其实，在性格开朗的人看来，这些都是小事儿，不计较，或者是说开后也就过去了，不会自己生闷气。如果某件事心里觉得“过不去”，可以试着找个好朋友聊聊，或者外出散散步，看场电影，打打太极，分散注意力，这样心情会好一些。良好的交流是一味良药，能够治愈内心的伤痛，对健康也大有裨益。有研究发现，跟健康关系非常密切的是良好的夫妻关系、亲人关系、朋友关系，这也是带来人生幸福感的必要条件。所以，敞开心扉，尝试沟通，心情也会豁然开朗。

腹有诗书，心地宽广

生活中，我们会发现很多科学家都高寿，这与他们读书多、兴趣广泛，从而心胸宽广有关。

再有一个建议就是多读书，“书中自有黄金屋，书中自有颜如玉”，古人告诉我们多读书，读书不但能开拓眼界，从前人的经验中汲取更多的人生体验，提升自我，开阔心胸，还有养生的作用，让我们的灵魂更加丰满有层次，身体也更加健康。

老人更容易生闷气

老人比年轻人更容易生闷气吗？这个不好说，不过现在年轻人压力都比较大，平时比较忙，转移注意力的方式也很多，相对而言老人的时间要多一些，可能更容易“较真”一些，也容易被消极的情绪影响。所以，建议年轻的读者朋友们，再忙也要抽出时间陪陪父母，关心关心父母的身体，不能经常陪伴的也要常打电话跟他们聊聊天。

家中常备“消气药物”

容易生闷气的人，家中需要常备一些“消气药物”，比如白萝卜、陈皮、玫瑰花，它们都是理气顺气的好帮手。就拿白萝卜来说，最常见不过的了，经常生吃，或者煮水后喝萝卜喝汤，有顺气、清肠、清热的功效，特别是肠胃不好的老年人，每周吃2～3次，能预防便秘和上火。还有陈皮和玫瑰花，用来泡茶喝，能帮助你消气、顺气，玫瑰花还有美容的作用，尤其适合爱生闷气的女士们。陈皮是温性的，但如果在泡茶饮用后感到上火，那就不太适合了。这时可以试试菊花茶，清肝去火又明目，也是很好的选择哟！

情志相胜疗法

如果家里人爱生气，遇到事情容易想不开，推荐一种情志相胜疗法。

该疗法以中医“五行相克”思想为依据，中医认为，人的怒、喜、思、悲、恐等情感之间存在相胜关系，如喜胜忧，思胜恐，怒胜思等，可以通过引导对方的情绪变化而将负面情绪消除。具体做法是，开始可以和家人聊天，了解他的负面情绪因为什么而来，比如老朋友重病令人感到很伤感，就可以给他讲讲笑话、读读幽默故事、播放相声或者观看喜剧等，让其放松心态，从悲伤的情绪里走出来，心态逐渐明朗起来。

这种方法很有效，不妨试一试。

冠心病适用药膳

食补胜于药补，中医药的优势之一就是有很多药食同源的食物，既是食物又具备药效，安全又美味，可以经常选择一些来防病治病。

山楂粥：山楂30克（鲜者60克），粳米100克，砂糖适量。将山楂入砂锅煎取浓汁，去渣，而后加粳米、砂糖，煮粥，作上下午点心服用，不宜空腹食用。山楂具有活血化瘀的功效，而且能够降血脂，广大中老年人都可以食用，年轻人也可以经常食用，能降血脂、化血瘀。

灵芝田七饮：灵芝20克，田七末3克，灵芝先煎1小时，取汁送田七末，每日1次，30天为1个疗程，连用2～3个疗程。灵芝是很好的延年益寿的中药，本方具有强身益气通络之功效。

“太冲”按摩到“行间”，养出好性情

我们的身上有消气的“良药”——太冲穴到行间穴的这条“路”。太冲穴在足背第一、第二跖骨结合部之前凹陷处，它是肝经的原穴和输穴，是肝经上的“去火”穴，能够把肝气肝火消散掉，是我们身上的“出气筒”。行间穴在足背第一、第二趾的趾缝上，它属于肝经，肝属木，木生火，经常生闷气容易气郁化火、心火旺，需要泄心火，而行间穴就是一个泄心火的穴位。容易生闷气、发脾气的人，每天顺着太冲穴向行间穴按摩5～10分钟，可以起到去肝火、泄心火的作用。

最后，做个小结：生闷气跟愤怒一样，都像洪水，堵不如疏，预防生闷气，“泄”掉心里的火，才能远离心脏病。

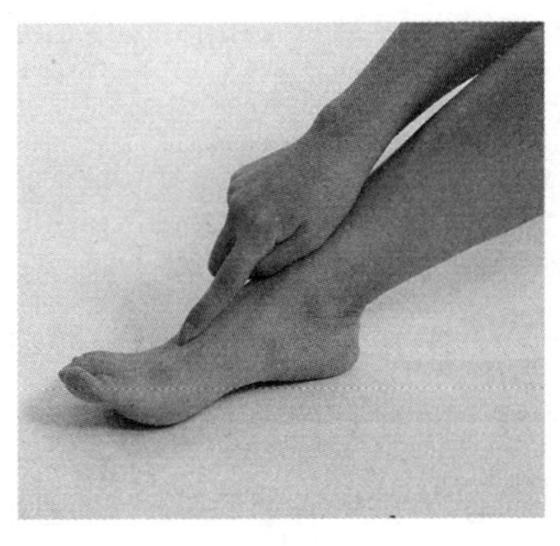

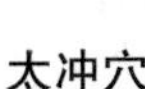

太冲穴

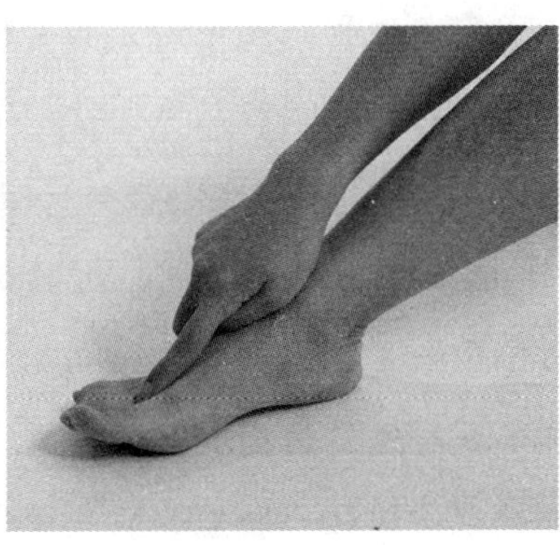

行间穴

冠心病最爱“急脾气”

笔者有一位患者脾气比较急，动不动就生气暴躁，最近和孩子为了一件小事吵了起来，吵着吵着就突然觉得憋气、胸闷得难受，而且脸色苍白，脸上都是虚汗，他家人看情况不对赶紧把他送到我们医院。做了检查后发现是冠心病发作，于是赶紧治疗，把病情控制住。这位患者很“委屈”，说自己平时就血压高点，其他都正常，怎么会得冠心病呢？其实，这跟他的急脾气也有几分关系。

生气有多伤“心”

有些读者看了上面的案例，可能会问：急脾气跟冠心病有什么关系？现代人越来越注重健康，不少人也掌握了不少医学常识，懂得冠心病是一种因冠状动脉血管发生粥样硬化病变而引起血管腔狭窄或阻塞，造成心肌缺血、缺氧或坏死的心脏病。虽然表面看来急脾气跟冠心病没有直接的关系，但它确实是诱因，也是容易导致心脏病发作的“帮凶”。

急脾气的人容易生气动怒，尤其是在心烦的时候，基本上是一点就爆，而心脏最怕生气。因为人在生气的时候，血压升高、心跳加快，心肌收缩力也在增加，使心脏的负担比平时要重很多，而且身体内的大量血液会冲向大脑和面部，直接导致心脏里的血液减少，容易发生心肌缺氧。总是生气、暴躁，时间久了，心脏的负荷越来越重，心肌以及血管内皮细胞却得不到应有的适时修复，长此以往心脏就会发生各种病变。

性格决定命运？急脾气怎么办

可能有人会问了："冠心病跟急脾气的关系这么大，但我就是一个急性子，怎么办？"不用着急，急脾气的人不一定得冠心病，但如果总是不改，对身体可不好，笔者建议平时要注意调整，做到以下几点。

少生气。笔者前面提到的那位患者，他冠心病发作，其实就是因为着急了，生气了。脾气急躁的人容易因为不顺心的事情发火，所以平时要有意识地磨炼自己的耐性，例如在想发火的时候，先闭上眼睛深呼吸几下，让自己平静下来，然后给自己心理暗示，告诉自己不要生气，或者"多考虑考虑，不要激动"，使自己逐渐变得沉稳。

慢下来。慢下来，这是笔者在这本书里强调得特别多的一个词儿了。每天给自己一些时间，"带着蜗牛去散步"，让身心都慢下来，别什么事情都那么"急"，你会发现急脾气在"慢"中被消磨了不少。而且你还会发现，慢下来之后，有些问题反而会迎刃而解，需要你发挥能力的时候往往也会"超常发挥"。因为，当人在一个心理最佳的从容状态时，往往能发挥最好的水平。

放手。在临床中，笔者接诊过很多这样的患者，掌控欲很强，什么事情都要管一管，别人做事情他不放心，急吼吼地自己亲自上阵，把自己弄得疲惫不堪，结果身边的人又不理解，于是他又气又急，变得暴躁起来。笔者的建议是放手，给别人也给自己空间。也许这样改变后，会收到事半功倍的效果。

"合作"才是"共赢"。急脾气最突出的一个特点就是什么事情都要争个高低，就像案例中的患者，跟家人吵啊吵，很容易吵出问题来。如果总是这样，不仅自己心里不痛快，身体上不舒服，也容易影响到周围的人际关系和家庭的和睦。与其这样，不如多听听别人的想法，再考虑考虑自己的想法，多交流，看能不能"合作"，得出他高兴你也高兴的"共赢"方案。或者干脆放一放，过一天，或者过几天发现，那根本都不是事儿了。

培养兴趣爱好。急脾气的人可以培养自己的兴趣爱好，比如钓钓鱼、练练书法、绘画等磨炼性情，能让人变得更有耐心。特别是女性朋友们，即使再忙也不要失去兴趣爱好，坚持做自己喜欢做的事情，除了能够提升个人气质，还能让你的心里充满了喜悦，而不是烦躁和不耐，我们的生命也会有更多层次，体验更多的愉悦感。

冠心病调养，有两宜两忌

冠心病要预防，也要调养。上面的方法能帮助急脾气的人变得有耐心起来，对预防冠心病有帮助，但如果患了冠心病，除了上面这些心理上的调试方法，生活上也要注意。

一宜科学睡眠养好心。前阵子笔者医院里做调查发现，冠心病心肌梗死多在睡眠时发病。这是因为睡眠时动脉硬化部位的血管壁对神经体液因素过敏，容易导致冠状动脉痉挛而使患者发病。还有一个原因，睡得太多太久，回流到心脏的血液比站或坐的时候多很多，再加上长时间不喝水造成的缺水，使血液变得黏稠，加重了心脏的负担，心肌耗氧量增加而发病。所以冠心患者睡眠一定要科学：不仅睡眠时间要科学，每天保持7～8小时（包括午睡20分钟左右），而且睡眠的姿势也要科学，建议采用头高脚低位（即床头比床尾高20～30厘米），这样可减少回心血量，大大减轻心脏负荷，有利于心脏“休息”。

二宜多吃血管“清道夫”。冠心病的发生跟动脉粥样硬化有很大的关系，所以冠心病患者平时要多吃有软化血管、清除血管内胆固醇作用的食物，如海带、芦笋、芹菜、松茸、豆类及豆制品等。笔者推荐芦笋，因为芦笋中的芦丁、天冬酰胺、槲皮黄酮等物质有清理人体血液中的垃圾，抑制过氧化脂质、胆固醇的生成，扩张冠状动脉、增加冠状动脉血流量的作用。芦笋的吃法很多，最常见的就是芦笋炒瘦肉，也可以在煮粥的时候加点芦笋，或者把芦笋加土豆打成蓉后煮汤。

除了宜做的，还有不宜做的，列举如下。

一忌脱水。在生活中，笔者一直跟身边的人、患者强调，多喝水，尤其是冠心病患者，不要等口渴了再喝水，口渴是缺水的信号。冠心病患者的血液黏稠度相对较高，当达到一定程度时可导致心脑血管堵塞，严重的可引起心肌梗死或脑卒中。而水是一个宝，可以稀释血液，促进血液流动。笔者建议读者朋友养成多喝水的习惯，时不时地喝上几口水，在睡前半小时、半夜醒来及清晨起床后喝一些温开水。

二忌烟酒。我们都知道烟里的尼古丁是有毒物质，它会影响肺部和呼吸道的健康，其实不仅如此，它还是心脏的“克星”。尼古丁可使血液变得黏稠，影响血液循环，加重心脏的负担。在以往的医学调研中，我们发现吸烟者患冠心病的概率比不吸烟者要高几倍。所以冠心病患者最好戒烟，戒烟可减少冠心病发作的概率。曾经在临床碰到过这样的病例，住院期间偷偷躲到走廊里吸烟，导致了心绞痛的发作。再来说说酒，它可以使血液循环加快，增加心脏耗氧量，对于冠心患者来说这可不是什么好事情，所以冠心患者平时尽量不要喝酒，特别是烈酒、度数比较高的酒。

突发心绞痛怎么办

冠心病在临床上最突出的症状就是心绞痛。心绞痛发作前会有一些症状，如严重心慌、平静不下来。这时，应尽量让自己平静下来，然后躺下休息，心绞痛是由于冠状动脉供血不足造成的心肌暂时缺血缺氧，从而引起发作性胸痛或胸部不适，而躺下休息有助于血液回流心脏，减缓心脏缺氧的情况，从而使心绞痛引起的不适得到缓解。如果还有力气，可以按压内关穴。内关穴在前臂正中，腕横纹直上两寸，前面有详细介绍。取穴时，示指、中指、无名指三指并拢，把无名指放在对侧手腕横纹上，示指下方中央，就是内关穴。按压时，要用拇指或示指垂直用力向下按压，持续20～30秒，然后渐渐放松，再按压另一手。反复进行，直到心慌缓解为止。如果自己没力气，可以请身边的朋友帮忙。

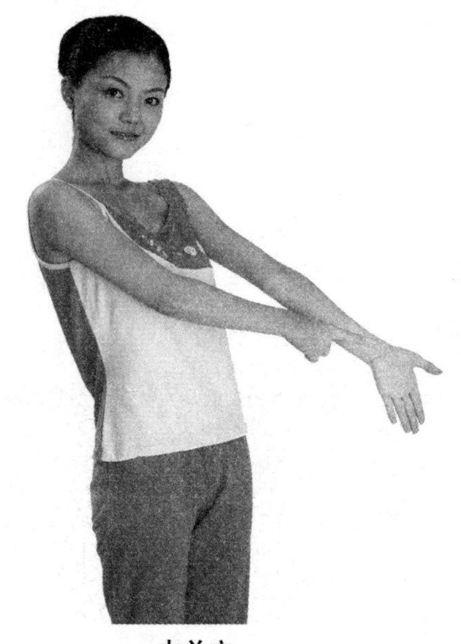

内关穴

那么，如果遇到的是急性突发心绞痛，应该怎么办？急性突发心绞痛的症状之一是心前区绞痛，并有压迫窒息的感觉，患者会觉得有什么东西卡在胸部，让人无法呼吸。这时，周围的人最好让患者躺下休息，给患者服用随身携带的急救药物，并及时叫救护车把患者送医院治疗。在救护车来到之前，千万不要随意搬动患者。如果有针灸针，可针刺内关穴，或者掐按人中穴进行急救。

冠心病患者一定要学会按摩3个穴位

除了服药和调节生活方式之外，经常按摩穴位也能帮助增强心肌功能，延年益寿。下面介绍一些对冠心病患者有益的保健穴位，长按按对预防心肌梗死有帮助。

1.按揉腋窝

腋窝有个穴位叫极泉穴。极泉穴位于腋窝内，俗称胳肢窝，在腋窝顶端动脉搏动的地方就是极泉穴。经常揉腋窝可以辅助治疗冠心病、心绞痛。尤其对中老年人，如果出现胸闷、心悸、心痛等不舒服症状时，按揉这个穴位，可以快速缓解症状。

方法：左手按揉右腋窝，手指四指并拢，以顺时针和逆时针方式交替按摩腋窝50～100次，以出现酸、麻、微热感最佳。右手按揉左腋窝，同样操作即可。

极泉穴

2.拍打肘窝

屈肘的时候前面是肘窝，这里有曲池、曲泽、尺泽等保健穴位。血液代谢废物过多，血液黏稠时，肘关节的经络则不通，所以经常拍打肘窝，刺激这几个保健穴，可以疏通经络，帮助清除血液的垃圾。

方法：手掌四指并拢，用掌拍打肘窝，注意力度循序渐进增大，并有节奏地拍打左右肘窝。

3.摩擦足底

足底有人体第一保健要穴涌泉穴，足少阴肾经的穴位就始于涌泉穴。常按涌泉穴，效果胜过喝鸡汤。对于冠心病患者来说，经常拍打脚底涌泉穴，可以增强免疫力，从而保护心脏。

方法：双手手掌搓热，来回摩擦脚底，也可以间断按压涌泉穴，以有微热、酸胀感为宜。

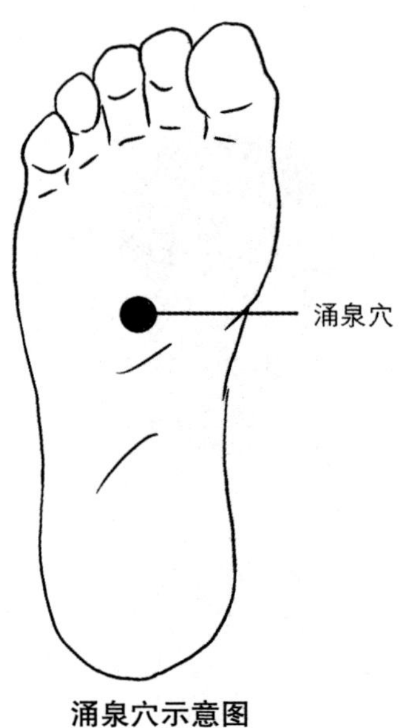

涌泉穴示意图

学点心理学，保持好心情

善解人意朋友多：说说亲和效应

人们在交际应酬中，往往会因为彼此之间存在着某种共同之处或者相似之处，而感到相互之间更加容易接近。这种接近会使双方萌生亲密感，进而促使双方进一步相互接近、相互体谅，这称为亲和效应。

“亲和力”是颇值得重视和赏识的一种品质。在人际交往中,一个很有亲和力的人会给人带来愉悦感,对方也愿意与之交往。亲和力原本是属于化学领域的一个概念,特指一种原子与另外一种原子之间的关联特性,但后来越来越多地被用于人际关系领域,指某人对他人具有的友好态度。

人们在人际交往中往往存在一种倾向，即对于自己较为亲近的对象，比如，有共同的血缘、姻缘、地缘、学缘或者业缘关系，有相似的志向、兴趣、爱好、利益，或者是彼此共处于同一团体或同一组织的人，会更加乐于接近。我们通常把这些较为亲近的对象称为“自己人”。一个人如果想要让身边的同事、朋友把自己当成“自己人”，除了本无法改变的血缘关系外，还要懂得与他人的相处之道。主动让别人对自己产生好感，认同并喜欢自己，就需要拿出“亲和力”。只有这样的人才会把周围的人吸引到自己身边来，才会让别人认同自己，当成“自己人”。

亲和力提升也是有些小技巧的。

展现微笑的魅力：微笑待人的道理谁都懂，然而在忙碌的生活中，我们好像总有做不完的事，稍不留神，就可能把微笑隐藏起来，忘记或是忽略了把快乐带给自己和其他人。其实，美好的东西要和别人分享才会更有价值，微笑也一样。不要总是将微笑埋藏在心底，轻提嘴角，让别人看到你美丽的笑容，感受到你内心那颗温暖和煦的小太阳，同时也能给自己一份幸福的感觉。当你用微笑换来对方的会心一笑，你其实就是在用微笑换来“双赢”。

确认过眼神的力量：眼睛是心灵的窗户，是我们表达感情最好的工具，而眼神更像是窗外吹来的一阵风。游离的、漫不经心的眼神，就像是一阵凉风，让人不禁微微颤抖，心生寒意；严厉的眼神，则像是刺骨的寒风，让人避而远之；而温和的眼神，就如和煦轻柔的春风一般，让人感到温暖、亲切又舒适。

手势的感染力：戴安娜王妃伸出美丽又充满感情的右手，让全世界都感受到了她的亲和与慈爱。在人际交往中千万不要忽视了手势的重要性：轻柔的挥手、鼓励的握拳、温柔的抚摸……看似简单的手部肌肉拉伸的几个动作，却足以让他人感受到你的亲和力。

PART 7 情绪／心理与肿瘤：一个扑朔迷离的故事

有一段很有意思的话："得了癌症，一是吓死的，二是愁死的，三是病急乱投医治死的，四才是病死的。一个人身体上得了癌并不是最可怕的，最可怕的是精神上垮了，那这个人就无可救药了……"癌症是威胁人类生命健康的重要疾病，癌症的发生和基因的关系固然重要，但实际上其发生与我们日常的生活习惯有着很密切的关联，其中坏情绪与癌症更是有着"神秘"的关系。

“恬惔虚无，真气从之，精神内守，病安从来。”

——《黄帝内经·素问·上古天真论》

学会“快乐”，远离“癌症性格”

情绪与肿瘤的关系历来使人颇感兴趣，目前发现除了遗传、饮食、环境等因素，癌症还可能与性格有关，有人称其为“癌症性格”。那么这种性格有什么特点呢？“癌症性格”的人一点小事就焦虑，什么小事都较真，遇事喜欢憋在心里，表面上很少流露出负面情绪；习惯克制、压抑自己的真实想法，但往往心理脆弱，经不住打击，又总觉得孤独、无助，活得很累。部分心理学家也认为具有一些特定性格特质（比如神经质、易怒、悲观或是孤僻）的人群更容易成为癌魔狩猎的对象，而开朗乐观则有助于预防和治疗癌症。

几年前，32岁的复旦高材生在与癌症斗争时写下的一席话，仍然值得我们深思：“在生死临界点的时候，你会发现，任何的加班，给自己太多的压力，买房买车的需求，这些都是浮云，如果有时间，好好陪陪你的孩子，把买车的钱给父母亲买双鞋子，不要拼命去换什么大房子，和相爱的人在一起，蜗居也温暖。癌症是我人生的分水岭。别人看来我人生尽毁。其实，我很奇怪为什么反而癌症这半年，除却病痛，自己居然如此容易快乐。我不是高僧，若不是这病患，自然放不下尘世。这场癌症却让我不得不放下一切。如此一来，索性简单了，索性真的很容易快乐。名利权情，没有一样不辛苦，却没有一样可以带去。”但当她意识到这些时，一切都晚了。

都说性格决定命运。其实，有时候性格决定着生命本身。

由于目前对此并没有定论，也没有大样本的临床研究证明“癌症性格”

这一论断，所以，我们也不要一概而论，不要对自己的性格特点有负担，因为负面情绪难以避免，谁也不是圣人，关键在于怎么调整。最主要的是不要让自己长期陷于负面情绪中，需要适当放松自己。本书中提到的关于放松、养生、调理情志的各种方法，大家都可以根据自己的自身特点去选择，从而让我们的心情更舒畅，身体更健康。所以说有时候，珍爱生命的最好方式，就是活得愉快精彩。

情绪与症状有着十分密切的关系

性格内向、郁闷不畅、不善交往、遇事自解能力差……这是部分癌症患者的共同特点。研究表明，精神因素并不能直接致癌，但它却是一种“慢性毒药”，以慢性、持续性的刺激来影响人的免疫力，降低身体的生理功能，造成能力降低或缺失，提高癌症的发病率。长期处于抑郁状态，会导致过多的肾上腺素和皮质类胆固醇的分泌，加快人体衰老进程。不少老人由于退休后儿女不在身边，在孤独和忧郁的阴影包围下，很容易“老得快”。从中医的角度看，“百病生于气”“万病皆源于心”，坏心情可导致气滞血瘀，身体里的“瘀”不能排出，滞留在体内且越积越多，就会打破五脏六腑原有的平衡，阴阳失和，使机体从抗癌抑癌状态转向致癌状态。

防治肿瘤第一方：没事儿偷着乐

很多人对于肿瘤总是谈之色变，在他们看来，哪怕是疑似肿瘤，都是被判定死缓甚至死刑。即使通过手术，放、化疗，靶向免疫等方式进行积极治疗，也始终在情绪上郁郁寡欢。其实，一些科学家正在提出一种特别又让人眼前一亮的肿瘤防治方法：快乐的情绪！研究表明，良性精神刺激可以改变癌细胞的代谢，同时影响到免疫系统。

坏心情可能是诱发癌症的导火索，反之保持好心情有助于预防癌症的发生，也对癌症的治疗有重要的作用。研究发现，好心情就像“兴奋剂”，能使大脑皮层的细胞变得活跃起来，神经的张力也增强了不少，而这些都给免疫系统带来了“正能量”，使它们的“工作”热情变得高涨起来，时刻监测着人体的各个部位，一旦发现癌变或者癌细胞“不听话”，便聚集各种力量进行“围歼”。

保持好心情的方法，在前面章节里说过很多了，就不再啰嗦了。对于身体健康的人来说，只要放宽心，不那么较真，心平气和并不是什么难事，但是对于癌症患者来说，被癌症盯上，本来就是一件残酷的事情了，还让人保持好心情，确实很难。但是，如果癌症患者总是让自己处在悲观烦闷的世界里，让负面情绪长期围绕自己，很容易给身心健康带来更大的伤害，给癌细胞的扩散提供“温床”。所以，“迫不得已”时癌症患者需要“心理干预”。

做他最信任的人

有的家属认为不告诉癌症患者病情是对患者好，但这样也有可能留下“隐患”。对于脆弱的患者来说，最信任的人就是医生和家属，如果隐瞒病情，当事情“败露”时，患者可能会钻牛角尖，觉得自己像傻瓜一样被人“愚弄”，抱怨医生和家人什么都不告诉自己，失去对医生和家人的信任。这种信任的缺失，会严重影响患者配合治疗的积极性。

分阶段告知病情

告诉癌症患者病情时需要一些技巧，比如分阶段告知的方法。每次患者检查时，告诉患者出现了哪些症状，有什么应对方法，让患者有一个逐渐接受现实的机会。同时，观察患者的心理反应，然后逐步深入，告诉患者病情有可能出现的情况。总的来说，要坚持一个“原则”，就是避免给患者过于肯定的预后不良的结论，尽可能地让患者感觉到配合治疗后有希望。如果一上来就告诉患者会出现什么严重的后果之类的，对患者来说是很大的打击。

掌握患者的心理演变规律

临床研究发现，癌症患者的心理演变是有规律可循的，需要根据这种规律来采取相应的方法应对。

确诊前：在怀疑自己可能得了癌症，医生让做进一步检查时，恐惧和急于证实的心理占主导，会出现焦虑不安、吃不好睡不好的情况。在这个阶段，家人需要让患者适当地“忙起来”，做一些他喜欢的事情，让他暂时从这些不良的情绪中抽身出来。

确诊之后：当患者知道自己确诊是癌症之后，常表现为沮丧、悲观、绝望，比较脆弱的人还可能精神崩溃。也有的人觉得癌症是无法治好的，宁可放弃治疗。这些都有可能加速癌细胞的扩散。这时堵不如疏，医生和家人需要做的就是疏导这些心理反应，迅速度过。

寻找榜样的力量

怎么帮患者度过那些不良的心理反应呢？如果只是笼统地鼓励患者“要乐观，别紧张”“要配合医生治疗”，无论这些话多么正确，但因为并不能“感同身受”，不能触动患者的内心，故而收效并不大。再加上如果患者已经住院，看到病房里的病友一个个离去，就会更恐惧和沮丧了。

与其如此，不如请病友“帮忙”。心理研究发现，人在困难的时候，最希望得到的，就是曾经有过同样经历、已经走出“苦海”的人的指点和帮助。对于癌症患者来说，一些抗癌成功的例子充满励志作用，更能让人感受到正能量。

家庭呵护不要过度

家人的支持和照顾，给患者创建一个有利于康复的环境，对患者积极配合治疗以及后续的康复都有很大的影响。家人要积极参与到治疗的过程中来，鼓励患者，对患者的需求做出及时、积极的反应，这对患者积极面对疾病有好处。但是，如果过度呵护，在患者面前表现出怜悯和同情，则有可能给患者造成压力，认为自己是家人的负担，对其康复的作用适得其反。

与其把患者“保护”起来，不如在条件允许的范围内，让患者保持和社会的联系。例如，身体条件允许时可正常地工作生活，平时让患者帮忙买买菜之类的，让患者做力所能及的事情。这样，一是能转移他的注意力，二是锻炼了身体，有助于增强患者的体质，对对抗癌症是有利的，还有最重要的一点，这样能让患者觉得自己是有用的，让他变得自信、乐观起来，从心理上接受患癌的事实，和做好跟癌症打“持久战”的准备。

给自己积极的暗示

不幸被癌症盯上的人，不仅需要家人朋友的鼓励和支持，自身积极配合治疗也很重要。好的心情是治疗疾病的“良药”，癌症患者需要让自己的心情变好起来。

研究发现，心理暗示不仅仅对人们的心理或行为产生影响，还会引起生理上的变化。当得知自己患上癌症之后，患者一定要注意心理上的调试，坦然接受，并给自己积极的心理暗示：“还好发现得早，现在医学这么发达，家人又都这么关心我，我一定要坚强，早点好起来。”

还有一个保持乐观情绪的好方法——多笑。笑是一种独特的运动方法，是机体最好的体操，可增强机体活力和对疾病的抵抗能力。研究还发现，笑可使内分泌系统发生微妙的变化，这种变化能带给身体正面的支持。所以，即便是得了癌症，也别忘了笑，多笑笑，慢慢的也就能坦然了。

“如果你快乐，请按喇叭”

这句话来源于畅销书《不抱怨的世界》，书中提到这样一则故事，故事发生在美国南卡罗来纳州的一条高速公路上。公路边有一个告示牌，告示牌上的话很诱人——如果你快乐就按喇叭！很多路过的人会在路过时按一下喇叭，之后心情也随之变好。

当事人去了解这个广告牌背后的故事，发现了一个感人的故事：告示牌的主人是一位男士，他太太生病了，医生说他们也束手无策，还说她只有4个月的生命。刚开始他们吓坏了，然后很生气，接着便是抱头痛哭了好几天。

终于，他接受了妻子快要结束生命的现实，然后把医院的病床搬回家，让她躺在上面，静静地等待死亡的来临。许多个夜晚，他的妻子躺在床上无法入眠，绝望淹没了她的灵魂。而他，则坐在阳台上陪着，内心灰暗得没有一丝亮光。有一次，家附近的高速公路上半夜骤然响起的汽车喇叭声，惊醒了他。坐在阳台上正发愣的他，灵光一闪，突然想到，既然妻子要死了，为什么不让她快乐地死去呢？于是，他动手做了那个奇特的告示牌。起初，只有零星几声，后来按喇叭的车子逐渐增加，直到后来几乎所有路过的车都会按喇叭。当妻子听到那些代表着快乐的喇叭声时，也随着快乐起来。因为她知道，她不是孤单地在阴暗的房间内等死，而是和别人一起，在尽情享受着全世界的快乐。也因此，患者在这种积极的情绪中又生存了两年多，在平静、快乐的心情下离开了世界，离开了她的先生。

因此，让我们分享快乐，传播快乐。

传统疗法，陪癌友慢慢变好

太极拳——老祖宗留下的宝贵财富

太极拳2006年入选首批国家级非物质文化遗产名录，它不仅在国内广受欢迎，而且在国际上常用于介入医疗康复，国外医学界认为是一项比较安全的运动疗法。

太极拳是一种心身运动，动作舒展大方、缓慢柔和、刚柔相济，用意念引导动作，符合人体的生理保健要求，能促进人体的新陈代谢，还能对人的心情进行调节。在神意和心情上平静、自然，神舒体松，有益于身体康健。

太极拳简便、经济、易行，近年来被越来越多的国内外学者应用于健康，如肿瘤康复领域。目前，太极拳在肿瘤患者中的应用多集中于术后乳腺癌患者，少数研究用于放化疗期的其他癌症患者，都收到了很好的效果。它能够有效缓解睡眠紊乱、疼痛和疲乏等症状，还能够提高患者肌力，改善心肺功能，有效提高患者的生活质量。

肿瘤患者练习太极拳时，应注意以下几点。

第一，树立信心，持之以恒。肿瘤是一种慢性疾病，不可能练习几天太极拳就能把病练好，应该把太极拳作为一种康复健身手段，长期坚持才会有效果。

第二，选择好练拳的时间、环境，根据自身的情况，调整运动量。一般来说，练太极拳最好在清晨或傍晚，每日1～2次。清晨起床后先排空大便、小便，选择环境幽静、空气新鲜之处练拳。幽静的环境可以使情绪镇定、精神集中。为防止晨起空腹，血糖较低，导致练拳时出现头晕、心慌等症状。一定要量力而行。

总之，练太极拳对于肿瘤患者是十分有利的，它通过调理身心，增强体质，改善脏腑的功能，因此，肿瘤患者练习太极拳，对于促进康复、防止局部复发及远处转移，是有实际意义。

临床上许多案例证明，癌症并不是不能治愈的。只要发现得早，及时治疗，癌症是可以控制甚至治愈的。即使是中晚期才发现，只要积极配合治疗，乐观面对，也可以延缓癌症的发展。

该睡觉时睡觉、该吃饭时进食，每天有一定的时间锻炼。养成规律的生活习惯，保持良好的生活节奏。总的来说，不要人为给自己制造很多不利因素，癌症防治，保持好心情最重要。

开天门+推坎宫，保健身体又暖心

开天门：推法，由印堂穴开始顺着督脉推至神庭穴，共进行9次。

推坎宫：由印堂穴开始顺着眉弓推至太阳穴，总计进行9次。

作用：心脏病患者由于身体不适，常有心神扰乱或者心神失养，通常合并睡眠障碍。督脉从头顶开始，行于人体的后正中线上，睡眠不好的人大部分有督脉经气运行受阻的情况。通过对太阳、印堂及神庭等穴位的按摩，可以对督脉经气进行调节。太阳及印堂可达到定志安神、开窍洗脑等作用；神庭穴具有静心提升效果；对神庭及印堂等穴位按摩，可改善头晕、失眠等症状。

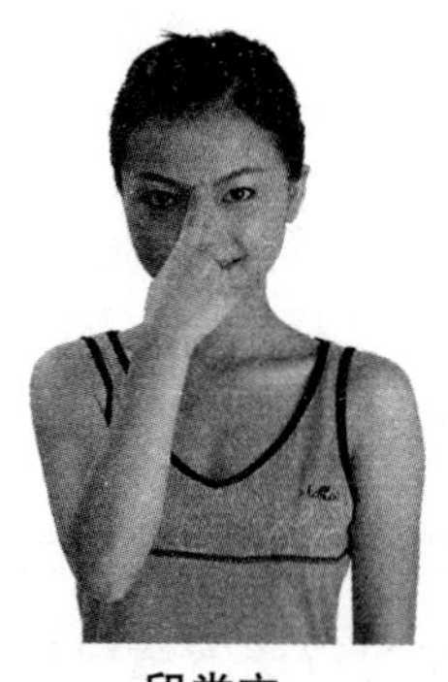

印堂穴

神庭穴

太阳穴

学点心理学，保持好心情

跨栏定律——如何直面困难

我们小时候都听过鲤鱼跳龙门的故事。在大海和大河交界的地方有一个龙门。龙门很高很高，要是鲤鱼能跳过龙门，就能变成龙飞到天上去。很多鲤鱼都想变成龙，它们游了很久很久，终于找到了龙门，但是龙门太高了，看起来根本不可能跳过去。但鲤鱼们没有被吓退，它们一次又一次地跳，有的被海浪冲走，丢了性命；有的撞倒石头上，身上满是伤痕。有一条金色的鲤鱼依然不懈地跳啊跳，在经过无数次的尝试后终于跳过了龙门，变成了一条金色的龙，飞向天空。

在西方，也有句古老的谚语，是说：如果这件事毁不了你，那它就会令你更加强大。这个现象在心理学上有一个定律，叫跨栏定律。

跨栏定律的核心内容是，一个人的成就大小往往取决于他所遇到的困难大小。就像跨栏，竖在运动员面前的栏越高，也能激发他跳得更高。引申到生活中，就是说当你遇到困难或挫折时，不要被眼前的困境所吓倒，只要勇敢面对，坦然接受挑战，就能克服困难和挫折，取得更高的成就。

一位医生发现的心理学定律

这个定律是一位外科医生发现的，他叫阿费烈德。阿费烈德在解剖一位肾病患者的尸体时发现，患病的肾要比正常的大，而另外一侧肾也远大于正常的肾脏。在之后多年的医学解剖过程中，他不断地发现包括心脏、肺等几乎所有人体器官都存在着类似的情况。这是为什么？他认为，在与疾病的抗争中，为了抵御疾病带来的损伤，这些病变的器官往往要代偿性变大，增强功能，以满足机体生存的需要。根据这个结论，他发表了一篇颇具影响力的论文。论文中说患病器官因为要和病魔做斗争而使功能不断增强。对于体内功能相同的两个器官，当其中一个死亡后，另一个就会努力承担起全部的责任，从而变得更加强壮，比如我们的两个肾脏。阿费烈德将这种现象称为“跨栏定律”，一位外科医生给自己的发现取了一个和体育项目相关的名字，想想也很有趣。

后来，他在为美术学院的学生治病的过程中，发现很多学生的视力不如普通人，有的甚至还是色盲。在对艺术院校教授的调研中，结果与他预测的完全相同。一些颇具成就的教授之所以走上艺术道路，竟然大都是受了生理缺陷的影响，缺陷不但没能阻止他们，反而促成了他们走上艺术道路。他觉得这就是跨栏定律的病理现象在社会现实中的重复。

同理，跨栏定律可以解释生活中许多现象，比如盲人的听觉、触觉、嗅觉要比一般人灵敏；失去双臂的人平衡感更强，双脚更灵巧，甚至能参加田径类比赛，和健全人同场竞技。正如《圣经》所说：“当上帝关了这扇门，一定会为你打开另一扇门。”

启示：能突破的困难越大，成功也就越大

对于四肢健全的正常人来说，除了要珍惜我们的健康身体外，也要学会运用跨栏定律，在困难和挫折面前，只有执着和信念能够带领我们走得更远。对于那些阻挡我们前进的绊脚石，要把它们变成迈向成功的垫脚石。碰到困难不要退缩，把挑战困境看作一种享受。

同样，跨栏定律告诉我们，在学习、工作和生活中，设定一个高目标，就等于有了一个比其他人更高的起点。许多人不成功并不是因为能力不够，而是不敢制订高远的奋斗目标，进而缺少排除万难、迈向成功的动力。

当面对挫折、感到失落无助时，一定要参考跨栏定律，把这些困难当

成栏杆，更高的难度往往带来更好的成绩，更多的挑战带来更加精彩的人生。

PART 8 远离蝴蝶效应，绕开坏心情的坑

除了前面提到的坏脾气可以诱发各个系统的多种疾病以外，心情不好如同蝴蝶效应，其实可以引发很多身体的不良反应，可能有些身体的信号我们都没有注意，其实已经是一些疾病的苗头，或者是亚健康状态的重要诱因之一。因此，无论中医还是西医，都逐渐认识到了心理疗法的重要性。保持心情愉快才是保证身体健康的第一步。

“是以圣人为无为之事，乐恬惔之能，从欲快志于虚无之守，故寿命无穷，与天地终，此圣人之治身也。”

——《黄帝内经·素问·阴阳应象大论》

心情不好容易感冒

也许你有过这种体会，当遇到了一些难题，比如工作上的难题，生活中的苦恼，失恋、失业、失去亲人等痛苦的事情时，有可能接着就会感冒，心情就会更为低落，感觉全世界都跟自己作对，生活变得如此灰暗。

其实，这种心情不好时候发生的感冒，并不是巧合，是身体开了小差，给疾病乘虚而入的机会。从西医和中医两个角度都可以解释这种现象。

从西医角度来说，人体的防御部队由两部分组成：一部分是由T淋巴细胞“领导”的“细胞免疫部队”，另一部分是由B淋巴细胞“领导”的“体液免疫部队”。前者主要发挥调节人体免疫反应和直接杀伤外来入侵物的功能，后者则能产生抗体“免疫球蛋白分子”，中和掉外来病原微生物产生的毒素。各种负面的情绪，如伤心、不安和焦虑，会导致免疫系统中一些分子的表达发生变化，导致细胞免疫和体液免疫部队都发生内部骚乱，进而给细菌和病毒以可乘之机，我们就感冒了。另外，负面情绪能够引起自主神经系统功能的失调。身体里的自主神经系统具有特殊的生理功能，主要支配内脏、血管和腺体，在维持人体的随意和不随意活动中发挥重要作用，它的活动是在无意识下不随意进行的。自主神经系统与全身各器官、腺体、血管，以及糖、盐、水、脂肪、体温、睡眠、血压等调节均有关系，所以自主神经系统发生障碍可以出现全身或局部症状。其临床表现涉及心血管系统、呼吸系统、消化系统、内分泌系统、代谢系统、泌尿生殖系统。也就是几乎所有的功能系统都会受自主神经调控，而心情好不好会直接影响自主神经的功能正常发挥，轻则带来一系列不适，如头晕、头痛、食欲不振、体倦乏力等，重则带来更为严重的疾病。

从中医角度来说，情志可以直接影响脏腑功能而诱发疾病，就是情志可以致病，“怒伤肝，喜伤心，忧伤肺，思伤脾，恐伤肾”，无论何种心情不好，都直接扰乱我们身体中“气”的正常运行，进而影响各项生理功能。以怒这个情志为例，通常分为郁怒和暴怒，闷在心里和暴发出来都会对身体有害处。怒会影响肝的疏泄功能和气机的正常运行，出现一系列肝郁化火、气机上逆的症状，如面红目赤、头痛、头晕、口干口苦、两胁胀痛等，郁闷日久就会肝气郁结，出现闷闷不乐、常常叹息、食欲不振、失眠健忘等。也就是不好的心情直接影响了体内气的运行，而气是保障身体不被外邪侵袭的保护罩，如同我们看科幻电影里那种看不见的保护罩，当“气”不开心的时候，这个保护罩就消失了，因此外界的风寒邪气就趁虚而入，我们就感冒了。

解铃还须系铃人，虽然心情不好的诱因千奇百怪，但是我们不能任其蔓延，要想办法控制这个情绪的恶魔。比如尝试新事物，通过兴奋大脑的不同区域，让人忘记不开心；运动，让身体分泌让人开心的激素，调控情绪；或者寻求朋友的开导和帮助等。

按摩一些肝经的穴位，比如大敦穴、太冲穴、行间穴、肝俞穴，或者推搓两侧胁肋部，让身体里淤滞的气运行起来。也可以服用一些中药如山药、茯苓、白术、薏苡仁、白扁豆健脾，也能够起到护肝的作用。平时可以多吃一些青色的食物，因为青色入肝经，比如各种绿叶蔬菜、绿豆等。还可以食用一些药膳，起到行气、清肝的作用，如天冬猪肝汤、海带黄豆煲鸡汤、银耳莲子汤、芝麻核桃粥等。玫瑰花具有芳香开郁的作用，可以加适量蜂蜜、冰糖泡茶饮用，起到疏肝解郁，使心情愉悦的作用。

哪里不好按哪里：阿是穴

前面我们提到了很多穴位，而阿是穴不是单指某一个穴位，而是一类穴位的总称。这类穴位一般都随病而定，没有固定位置，以痛为腧，就是我们常说的“有痛便是穴”。

阿是穴是一种临时腧穴的现象，当疾病发生或者将要发生时，人体某一部分就会发生气血淤滞，造成气血的局部、临时性聚集，这便形成了阿是穴；当疾病治愈后，气血通畅，阿是穴也就随之消失了。由于没有固定的部位，临床上医生常以按压部位的酸、痛、涨、麻以及皮肤的改变来确定阿是穴的位置。

正因为阿是穴是疾病在人体局部的一种反映，所以它才能具有人体健康晴雨表的功能。当肌肉、筋骨、脏腑发生病变时，阿是穴都会出现在疾病相关的部位。比如，颈椎病的阿是穴在病变的棘突水平两侧；肩周炎的阿是穴在肩的周围；腰间盘突出症的阿是穴在突出的椎间盘的棘突水平两侧等。

阿是穴不仅反映了人体疾病的变化，还可以治疗相应的疾病。天津中医药大学的石学敏教授指出，轻中度失眠可采用单独针灸疗法治疗，临床上多针刺双侧头维穴、百会穴、申脉穴和照海穴，近来有研究表明，针刺阿是穴结合音乐疗法也有助于治疗亚健康失眠。

在日常生活中，我们可以自己寻找阿是穴进行揉按，以达到预防疾病、舒缓心情的目的。比如，与人吵架生气的时候，或是心情不好、情绪低落的时候，可以循着足厥阴肝经的循行部位寻找疼痛点，即为阿是穴，揉按阿是穴可以缓解生气带来的不适，而且还可以预防生气伤及肝脏；失眠时也可以通过寻找头部和颈部的阿是穴进行揉按，使得局部经络通畅，脑部气血充足，有效减轻失眠的症状。

改善心情小妙招

举目远眺。这个方法看起来没有什么技术含量，但却可以起到舒缓和振奋精神的作用。可以让人从繁重的工作中暂时脱离出来，什么都不想，这种心情的顿然放松，其实就是舒展肝气。

干梳头。最好选用牛角梳，或者木质的梳子，或以十指代替梳子，俗称十指钢叉。干梳头是中医养生中一种简单实用的养生保健方法。古代养生家主张“发宜多梳”，《诸病源候论》说“千过梳头，头不白”，梳头能疏通气血、散风明目、荣发固发、促进睡眠，对养生保健有重要意义。

按摩十宣穴。十宣穴位于十指尖端的正中，左右手共十个穴。十宣十宣，宣即为宣泄，对改善情绪问题有帮助。按摩十宣穴，方法有3种。最方便的方式是用拇指的指甲用力反复重掐，以有酸痛感为主，刺激总时间每次以不超过5分钟为宜。也可选用钝头牙签等物品，以适当的力量进行按压，时间为3～5分钟，视个人感觉可稍加长时间。另外也可用“十宣”从额头开始往后脑方向作点叩动作，既刺激十宣，又可提神醒脑，是治疗脑神经衰弱头痛、抑郁症、失眠等的常用方法。

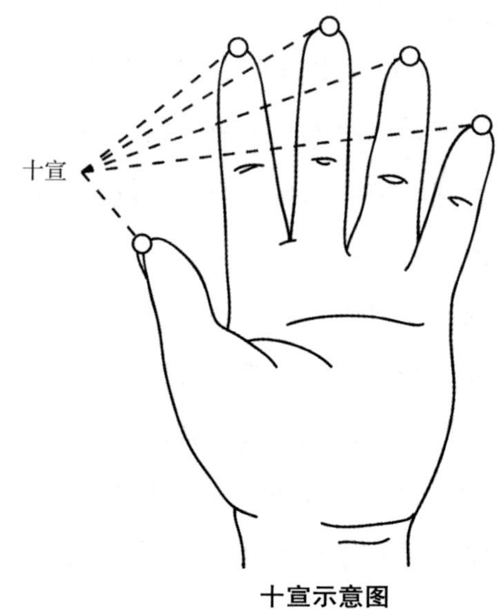

十宣示意图

容易紧张的人总想上厕所

前几天有个朋友给笔者打电话，说她上初中的儿子每到考试那几天总是尿频，问笔者要不要去医院检查，看看是不是肾脏方面的疾病。笔者问她，孩子是不是考试时容易紧张。她回答说有些，孩子总怕自己考不好。“哦，没事，孩子应该是紧张的，我们大人紧张了也总想上厕所呢。不过总是这么紧张也不行，得疏导一下，让他尽量保持平常心。”听了笔者的劝慰，朋友放下心来。这不，刚给笔者来电话，说考试成绩出来了，孩子的情况又变正常了。

原来是肝气太“亢奋”

估计很多人跟笔者朋友的孩子一样，一紧张就尿频，想上厕所，而且越紧张去厕所的次数越多。这是因为生理与心理是相依相存的，生理功能的改变可影响到人的情绪和心理活动，心理原因也有可能反射到生理上。当人的心理处于过度紧张和焦虑状态时，神经系统功能可能出现紊乱，引起想上厕所的生理反应。还有就是紧张可导致肾上腺素分泌增加，导致肾功能在短时间内加强，尿循环加快，尿液分泌短时间内增多，让人经常想上厕所（尿频）。

从中医的角度来看，这是肝的疏泄功能受了影响。中医所说的肝主“疏泄”，可以简单地理解为疏通、疏散、宣泄的意思，而小便的过程就是人体的一种“宣泄”——把身体里多余的水分和代谢废物排出来。如果情绪紧张，可影响到肝气的运行，使肝气升发太过，疏泄功能比之前亢奋，导致小便次数增加。

紧张一消失，小便变正常

对于这种情况引起的尿频、想往厕所跑，笔者的建议是：消除紧张情绪，一般紧张一消失，肝的疏泄功能变得正常了，小便也正常了。像笔者朋友的孩子，在考试那几天紧张尿频，这是不自信和准备不充分导致的，需要平时多积累知识，树立信心，精神上放松，这样才能高水平发挥。当然，这也需要家长的配合，不要给孩子施加过大的压力，给孩子营造一个宽松的氛围，有时间还可以带孩子去爬爬山、打打球。

不仅孩子，成人在面临重要的事情时，也有可能因为紧张导致尿频。除了上面说的树立自信心，放松心情之外，还可以用深呼吸的方法，让自己变得平静一些，对缓解尿频也有一定的作用。

浓茶、咖啡，都要说“不”

容易紧张尿频的人，平时尽量不要喝浓茶和咖啡，浓茶和咖啡有兴奋神经的作用，咖啡里还含有利尿成分，只会加重尿频。特别是要进行比较重要的事情之前，比如重大的考试、工作汇报，在很多人面前演讲，等等，一定要跟浓茶、咖啡说“不”。

转移注意力

消除紧张、缓解尿频还有一个“万能”的方法，就是转移注意力。笔者常用的转移注意力的方法就是看自己喜欢的书，看着看着入迷了，也就忘记了尿频这事儿了。你可以试试做一些自己喜欢的事情，会发现紧张性尿频不知道什么时候悄悄溜走了。

学点心理学，保持好心情

胜利迟早都属于有信心的人：杜根定律

杜根定律是美国橄榄球联合会前主席D.杜根提出的，他认为："强者不一定是胜利者，但胜利迟早都属于有信心的人。"换句话说，你若仅仅接受最好的，你最后得到的常常也就是最好的，只要你有自信。这就是心理学上的"杜根定律"。

一个人是否胜任一件事，85%取决于他的态度，15%取决于他的智力。如果他自信，事情肯定会办好。假如这个人是自卑的，那自卑就会扼杀他的聪明才智，消磨他的意志。

让我们通过下面的故事理解这一定律。

有一个人经常出差，经常买不到坐票。可是无论长途短途，无论车上多挤，他总能找到座位。他的办法其实很简单，就是耐心地一节车厢一节车厢找过去。这个办法听上去似乎并不高明，但却很管用。每次，他都做好了从第一节车厢走到最后一节车厢的准备，可是每次他都用不着走到最后就会发现空位。他说，这是因为像他这样锲而不舍找座位的乘客实在不多。经常是在他落座的车厢里尚余若干座位，而在其他车厢的过道和车厢接头处，居然人满为患。

他说，大多数乘客轻易就被一两节车厢拥挤的表面现象迷惑了，不大细想在多次停车之中，从火车十几个车门上上下下的流动中蕴藏着不少提供座位的机遇；即使想到了，他们也没有那一份寻找的耐心。眼前一方小小立足之地很容易让大多数人满足，为了一个座位背负着行囊挤来挤去，有些人也许会觉得不值。他们还担心万一找不到座位，回头连个好好站着的地方也没有了。

与生活中一些安于现状、不思进取、害怕失败的人，永远只能滞留在没有成功的起点上一样，这些不愿主动找座位的乘客大多只能在上车时的落脚之处一直站到下车。自信、执着、富有远见、勤于实践，会让你握有一张人生之旅的永久坐票。

眼睛所看到的地方，就是你会到达的地方，唯有伟大的人才能成就伟大的事。他们之所以伟大，就是因为决心要做出伟大的事。没有一个成功者是自信心不足的，如果有的话，那么第一次的成功会使他很快地树立起自信心，而且成功机会越多，自信心越强。人类成功的历史，就是一部人类自信心不断增长的历史，无数事实证明，成功的第一秘诀就是自信心。自信就是相信自己，人如果自己都不相信自己，别人就更不可能相信你。成功学告诉我们，成功是有公式的：成功=想法+信心！

如何学会自信？事情本身并不影响人，不能将自己看成一个失败者，而要尽量把自己当成一个胜利者，人生来没有什么局限性，无论男人或女人，每个人内心都有一个沉睡的巨人，那就是你的自信。从点滴的进步开始，正视自己的缺点并勇于更正，为自己鼓掌加油，勇敢面对失败，百折不挠，信任自己，对自身发展满怀希望。自信为一种自我肯定性、自我鼓励、自我强化，坚信自己一定能成功的情绪素养，没有自信心，你就会发现没有生活的热情和趣味，也就没有探索拼搏的勇气和力量。

PART 9 帮你认清体质，开心又健康

大家有没有发现，冬天的时候有的人穿羽绒服仍然觉得很冷，而有的人只穿单衣还喊热，要喝冷饮；有的人总是精力非常充沛，闲不住，而有的人干点活儿就疲惫不堪。这是因为，我们天生就带了一些遗传密码，决定了我们的身体有自己的"特点"，那就是体质。根据临床所见，人的体质可以分成9种，分别是阴阳平和质、气虚体质、阴虚体质、阳虚体质、痰湿体质、瘀血体质、气郁体质、湿热体质、特禀体质。个人的体质不同，健康状态就不同。

“百病皆生于气也。怒则气上，喜则气缓，悲则气消，恐则气下，惊则气乱，思则气结。”

——《素问·举痛论》

人的体质是什么

体质是人在生命过程中，由先天禀赋和后天调养所决定的表现在形态结构、生理功能和心理状态方面综合的相对稳定的固有特性，也就是遗传自父母，后天与生活环境相适应的每个个体的特点。生理上表现为功能、代谢及对外界刺激反应等方面的个体差异，影响着人对自然、社会环境的适应能力和对疾病的抵抗能力；病理上表现为对某些致病因素和疾病的易感性，以及产生病变的类型与疾病传变转归中的某种倾向性等，进而还影响着某些疾病的类型和个体对治疗措施的反应，从而使人的生、老、病、死等生命过程带有明显的个体特异性。

一个人的体质可受多方面因素的影响，比如先天禀赋、年龄因素、性别差异、环境、饮食、劳逸、情志、疾病、药物等，都会影响体质的形成。所以说，不要以为自己小时候身体瘦弱或者父母体弱多病，自己就一定会遗传这种体质，体质还可以经后天调养而发生转变。

那么，如何判定你属于何种体质呢？可以观察及评判身体的形态结构状况，包括体表形态、体格、体型及内部结构和功能的完整性、协调性；身体的功能水平，包括机体的新陈代谢和各器官、各系统的功能；身体的素质及运动能力水平，包括速度、力量、耐力、灵敏性、协调性及走、跳、跑、投、攀越等身体的基本活动能力；心理的发育水平，包括智力、情感、行为、感知觉、个性、性格、意志等方面；适应能力，包括对自然环境、社会环境和各种精神心理环境的适应能力，以及对疾病损害的抵抗、调控能力、修复能力等方面来判定体质的类型。

中医学对体质的分类古今有别。古代中医家对体质的分类，主要有阴阳五行分类、阴阳太少分类等。现代中医常用的体质分类法则着眼于阴阳气血津液的盛衰虚实，将人体分为阴阳平和体质、气虚体质、阴虚体质、阳虚体质、痰湿体质、血瘀体质、气郁体质、湿热体质、特禀体质九种。明确各人的体质，进行有针对性的调养，对于改善症状，预防疾病的发生，提高生活质量具有重要意义。

在九种体质中，阴阳平和体质是功能较为协调的体质类型。阴阳平和体质的特点包括：身体强壮，胖瘦适度；面色与肤色虽有五色之偏，但都明润含蓄；目光有神，性格开朗、随和；食量适中，二便通调；舌红润，脉象缓匀有神；夜眠安和，精力充沛，反应灵活；思维敏捷，工作潜力大；自身调节能力和对外适应能力强。

阴阳平和体质者不易感受外邪，较少生病，即使生病，多为表证、实证，易于治愈，康复较快，亦可不药而愈。如果后天调养得宜，无暴力外伤、慢性疾病及不良生活习惯，其体质不易改变，多长寿。

根据《中医治未病发展报告（2007—2018）》84万个样本的多年研究结果表明，不同体质对于不同疾病具有发病倾向。

体质	疾病	体质	疾病
气虚体质	• 反复感冒 • 慢性疲劳综合征 • 慢阻肺	湿热体质	• 痤疮 • 湿疹 • 高尿酸血症
阳虚体质	• 怕冷 • 骨质疏松症 • 肠易激综合征	血瘀体质	• 脑卒中 • 冠心病 • 痛经
阴虚体质	• 便秘 • 糖尿病 • 围绝经期综合征	气郁体质	• 乳腺增生 • 抑郁症 • 甲状腺结节
痰湿体质	• 肥胖 • 高脂血症 • 高血压 • 多囊卵巢综合征	特禀体质	• 支气管哮喘 • 变应性鼻炎 • 荨麻疹

气虚体质

小陈在政府机关工作，平时不是很累，按理说，正是年富力强的年纪，应当精力充沛，但他却常常感到身上没劲，打不起精神，平时说话声音低弱，就算发言时用了麦克风，讲一会话也会感到上气不接下气。平时不太爱运动，肌肉松软，性格内向，也不太愿意主动和别人交流。每到感冒多发季节，都少不了他，感冒后恢复也比别人慢。

像小陈这样具有气息低弱、机体脏腑功能低下特点的体质属于气虚体质。

气虚体质的主要特点	形体或胖或瘦，但瘦人多见；肤黄，面色偏黄或偏白；毛发不华，鼻部色淡黄，口唇色淡少华；目光少神，平素语音低怯，气短懒言，肢体容易疲乏，精神不振；寒热耐受力差，尤不耐寒，易汗出，食少不化，或喜甜食；大便正常或不成形，小便正常或偏多；舌淡红，舌体胖大，边有齿印，脉象虚缓
气虚体质发病倾向	易患感冒、内脏下垂、慢性疲劳综合征、慢性阻塞性肺病病，病后康复较缓慢。不耐受风、寒、暑、湿邪

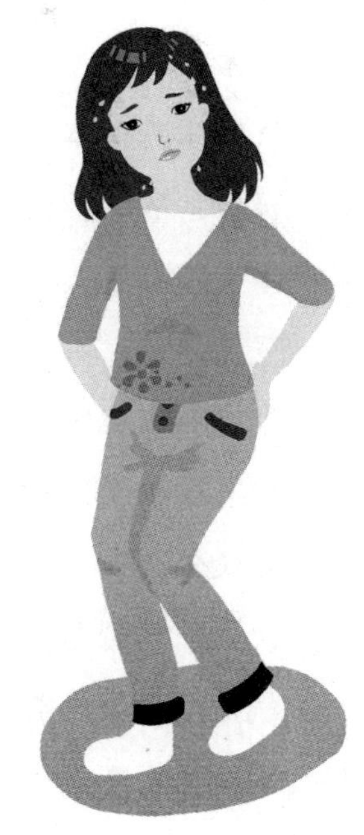

【调养方法】

1.精神调养

气虚体质者性格多内向，胆小，比较缺乏决断力，有时会出现情绪不稳定、精神不振、健忘、注意力不集中等表现。因此，在日常生活中，应注重振奋精神，培养乐观豁达的生活态度。心态要保持平和，避免思虑过度、精神紧张等问题的出现。当烦闷不安、情绪不佳时，可聆听音乐，欣赏戏剧，看幽默的相声或小品，以消除烦恼，振奋精神。

2. 体育锻炼

气虚体质者体能、耐力常显不足，因此适宜选择较为柔缓的锻炼方式，如太极拳、散步、慢跑、广播体操、按摩四肢及胸腹等对纠正气虚体质，增强身体素质均有很好的帮助。

气功可练“六字诀”中的“吹”字功。如运动强度过大、运动时间过久，则容易出现疲劳、气短、喘促等正气耗散之象，加重气虚，因此气虚体质者在进行体育锻炼时应防止过度运动。

3. 饮食调养

饮食以选择性质平和而偏温补的食物为佳，应注重补益脾肺，兼顾心肾，气血两虚者宜益气生血、益气活血、益气摄血。在饮食调养的过程中应忌食寒湿、油腻、厚味的食物。

气虚体质者宜食用补气类食物，包括粳米、糯米、小米、大麦、荞麦、花生、榛子仁、白扁豆、山药、香菇、猴头菇、大枣、牛肉、鸡肉、鲫鱼、红糖、黄芪等。平补类食物包括豆制品、墨鱼、蛋、猪肉、猪腰、山药、粳米、茯苓等。温补类食物包括胡桃仁、羊肉、肉桂、干姜等。在生活中应根据个人的不同情况进行选择食用。

粳米	*性平、味甘，归脾、胃经，有健脾养胃、补中益气的功效。粳米性质温和，适用于气血不足、脾胃虚弱、久病初愈者及老年人、儿童及产后女性 *粳米煮粥食用升高血糖效果明显，因此糖尿病患者应控制食用量
鸡肉	*鸡肉是高蛋白、低脂肪的食物。中医认为，鸡肉味甘、性平，能温中益气、补虚损、强筋骨，能提高人体的免疫力。尤其在冬季，多喝一些鸡汤于预防感冒，缓解咳嗽、流涕等外感风寒的症状有益 *鸡肉适合气血不足，表现为面色萎黄无华、身体虚弱、神疲乏力者或女性产后补虚用，而易上火和体内痰湿偏盛的人不适合
黄鱼	又名黄花鱼、石头鱼等，一般分为大黄鱼和小黄鱼两种。黄鱼味甘、性平，可滋补强身、补气健脾。对于气虚所致的身体瘦弱、食欲不佳、神疲乏力有一定的改善作用。黄鱼的肉质细嫩、鲜美而且刺少，可以煮粥服食

4.药物调养

气虚体质之人可选用味甘性温，具有健脾益气作用的药物，如人参、黄芪、白术、大枣、山药等。气虚明显者可加用补气方剂，偏于脾气虚者，常常见纳呆、腹胀者，可选用四君子汤、参苓白术散或人参健脾丸、补益资生丸等；而偏于肺气虚、经常感冒者，宜选用补肺汤、玉屏风散进行治疗；偏于肾气虚、有夜尿频多者，可选肾气丸进行治疗。

【食疗方】

桂圆芝麻二米粥，益气补虚、养心安神：粳米、小米各50 克，黑芝麻30

克，桂圆5个。将淘洗干净的小米、粳米放入锅中，加入适量水煮至半熟，加入去核的桂圆肉和炒香的黑芝麻，煮至米熟粥成。

粳米性平，味甘，归脾、胃经，能补中益气。清代名医王孟英把粳米粥誉为“贫人之参汤”。

山药粥，补脾气、益胃阴：山药50克，粳米100克，蜂蜜适量。山药去皮，洗净，切片。粳米淘洗干净，放入锅中，加入适量水煮至半熟，然后加山药片继续煮至粥熟，放温后加蜂蜜调味即成。佐餐食用。

隆重推荐给大家的药食同源的宝贝就是山药，山药富含多种氨基酸，补而不滞、不热不燥，能补脾气而益胃阴，为补气佳品。对气虚体质或久病气虚者最为有益，宜经常食用。

西红柿炒牛肉，益气健脾、增强体质：牛肉100克，西红柿2个，盐、酱油、水淀粉各适量。西红柿洗净，切丁；牛肉切片，用盐和水淀粉略腌。油锅烧热，下牛肉片炒至变色，加西红柿丁翻炒至牛肉将熟，加入盐、酱油翻炒片刻即成。佐餐食用。

《韩氏医通》中说：“牛肉补气，与黄芪同功。”适量吃牛肉可益气健脾，而且牛肉富含蛋白质、铁、钙等多种营养成分，可强壮身体、提高免疫力。

阴虚体质

何女士是外贸公司老板，身材苗条，穿着时髦。平时爱说话，性格爽朗。总的来说，身体不错。但有时感到手心出汗，眼睛干涩，性情急躁，爱发脾气，动不动就会因情绪激动，把怒火发到孩子身上。

像何女士这样具有亢奋、偏热、多动等特点的特质属于阴虚体质。

阴虚体质的主要特点	形体适中或偏瘦，身体较结实；面色多略偏红或微黑，皮肤多呈油性；性格比较外向，喜动好强，易急躁，自制力较差；食量较大，消化吸收功能健旺；大便易干燥，小便易黄赤；平时畏热喜冷，或体温略偏高，动则易出汗，喜饮水；唇舌偏红，苔薄易黄。脉多偏数；精力旺盛，动作敏捷，反应灵敏，性欲较强
阴虚体质发病倾向	易患失眠、便秘、糖尿病、月经失调、围绝经期综合征等疾病。耐冬不耐夏

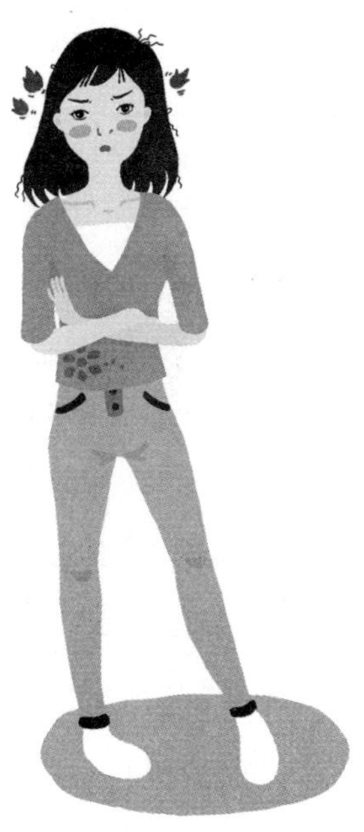

【调养方法】

1.精神调养

阴虚体质之人由于阴津亏虚，阳气不能内敛，虚火扰及心神，因此通常性情比较急躁、易怒，经常心烦，遇事容易激惹。精神调养应该遵循“恬惔虚无”“精神内守”之养神大法。平素加强自我修养，常读能修身养性的书籍，聆听优雅和缓的古典音乐，自觉地养成冷静、沉着的习惯。学会控制自己的情绪，在生活和工作中，对非原则性问题，少与人争，减少发怒。尽量避免参加争胜负的文娱活动，减少上网次数，缩短在线时间，远离辐射。注意节制欲念，保持平和心态，以保精养神。

2.体育锻炼

阴虚体质者，阳气偏亢，应尽量避免剧烈、耗氧量大的运动，以防汗出过多，损伤津液，引起气阴两伤。阴虚体质者应注重调养肝肾功能，以太极拳、八段锦等平缓柔和的锻炼方式较为适合，静气功锻炼，如固精功、保健功、长寿功等可调节人体气血经络，交通心肾，保精养神，有利于改善阴虚体质。

3.饮食调养

在饮食方面，阴虚体质人容易生内热，所以应注意滋阴与清热兼顾，宜用清补之品。脏腑阴虚之中常以某一脏腑亏虚为主，应辨明阴虚病位以补之。如心阴虚者应养心阴，肝阴虚者宜育阴潜阳、平肝息风；肺阴虚者可滋阴润肺；肾阴虚者宜滋阴潜阳。此外，真阴不足，可涉及精、血、津、液的亏损，应结合填精、养血、滋阴等法。滋阴也要兼顾理气健脾。应注意忌油腻厚味、辛辣、温热之品，以免燥热损伤阴液。吸烟者应戒烟。

推荐食材：适用的补阴食物有蜂蜜、猪肺、猪肉、豆腐、芝麻、燕窝、鸭肉、白木耳、桑葚、牛奶、豆浆等；适用的养阴生津食物有番茄、甜菜、西瓜、甜瓜、枇杷、杧果、梨、柿子、罗汉果、菠萝、椰子、荸荠、百合、葛根、玉竹等。

黑芝麻	性平、味甘，归肝、肾经，能滋补肝肾、润燥滑肠、养血益精，对肝肾不足、精血亏少所致的头晕耳鸣、须发早白、腰膝酸软、便秘等有一定的缓解作用
银耳	性平，味甘、淡，具有润肺生津、滋阴养胃、益气安神等作用。银耳中富含胶质，有很好的滋阴作用，女性经常食用可以美化肌肤，改善黄褐斑、雀斑等皮肤问题。银耳中还含有维生素D，对人体吸收和保存钙质有利，银耳中的硒等微量元素还具有提高免疫力、抗肿瘤的作用
鸭肉	味甘、性凉，归脾、胃、肺、肾经，具有滋补五脏之阴、养胃生津、补虚、止咳等多种食疗功效

4.药物调养

可选用滋阴清热、滋养肝肾之品，如五味子、麦冬、天冬、黄精、玉竹、玄参、枸杞子、桑椹、龟甲等药。常用中成药有六味地黄丸、大补阴丸。由于阴虚体质又有肾阴虚、肝阴虚、肺阴虚、心阴虚等不同，故应随其阴虚部位和程度调补，如肺阴虚，宜服百合固金汤；心阴虚，宜服天王补心丸；脾阴虚，宜服慎柔养真汤；肾阴虚，宜服六味地黄丸；肝阴虚，宜服一贯煎。药物调养是要慎用辛温燥烈方药。

【食疗方】

玉竹老鸭汤，滋养胃阴的清补好汤：玉竹20克，老鸭1只，盐适量。将老鸭处理干净，切块，冷水下锅煮净血水，捞出冲净，然后与玉竹一起放入干净的砂锅中，加入适量水，大火烧开后转小火炖1小时，加盐调味即成。佐餐食用。

玉竹是药食同源之品，具有养阴生津的功效；鸭肉性寒、味甘，具有滋阴养胃的作用。两者合用，既清补，又滋阴养胃，非常适合胃阴虚的人食用。

荷花粳米粥，生津液、除烦热：荷花（干品）15克，粳米100克。将荷花研成细粉。粳米淘洗干净，放入锅中，加入适量水煮粥，待粥将熟时撒入荷花粉搅匀，煮至入味即成。

荷花芳香馥郁，即使加工成干品，也难掩它的风采。荷花有解暑除烦、生津止渴的功效，用来煮粥，对阴虚内热所导致的五心烦热有改善作用。

黑芝麻小米粥，养血益精：小米50克，黑芝麻20克，葡萄干适量。小米清洗干净；黑芝麻洗净，用小火焙熟，打成芝麻粉。锅中加入适量清水，大火烧开，下入小米，烧开后转小火煮约15分钟，至小米将熟，下入黑芝麻粉，略煮至粥熟，表面撒上葡萄干即成。

黑芝麻能补肾养阴，小米补益脾胃、滋阴清热。两者搭配，能滋阴润燥、清热安眠，适合阴虚体质者食用。

阳虚体质

刘女士从小怕冷，一年四季手脚常常是冰凉的，冬天更明显，夏季不喜欢吹空调，上腹部、背部、胃部怕冷，去超市买东西，一走到冰柜附近就觉得肚子不舒服，甚至有想腹泻的感觉，从来不敢喝冷水、吃冷饮，月经期也经常腹痛。

像刘女士这样具有抑制、偏寒、多静等特点的体质属于阳虚体质。

阳虚体质的主要特点	在倦怠无力、气短懒言、脉弱无力等气虚症状的基础上，还常见畏寒喜暖、四肢不温、脘腹冷痛、小便清长等征象。阳虚体质者通常形体适中或偏胖，但较弱，易疲劳；面色偏白而欠华；性格内向，喜静少动，或胆小易惊；食量较小，消化吸收功能一般；平时畏寒喜热，或体温偏低；精力偏弱，动作迟缓，反应较慢，性欲较弱
阳虚体质的发病倾向	易患怕冷症、骨质疏松症、肠易激综合征、痰饮、肿胀、泄泻等病，感受邪气易从寒化。耐夏不耐冬，不耐受风、寒、湿邪

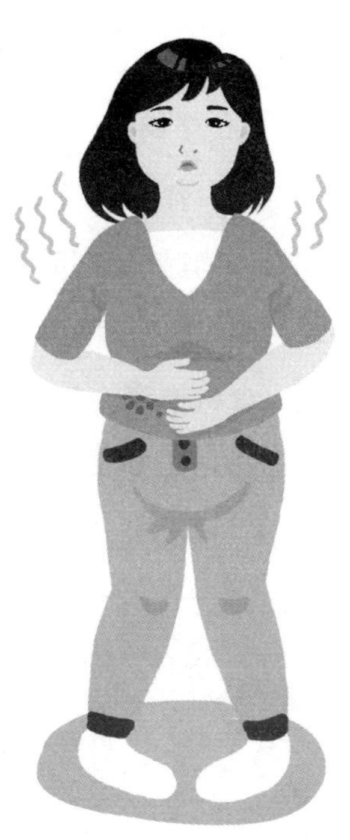

【调养方法】

1.精神调养

阳气对神具有温养作用，故《素问·生气通天论》说“阳气者，精则养神”。阳气不足之人性格多沉静、内向，常表现精神萎靡不振，情绪明显低落，注意力不集中，思维能力下降等。因此，要善于运用多种方法振奋精神，调节情绪，消除或减少不良情绪的影响。如可采用歌舞的方法，结合肢体舞蹈和歌曲演唱调动活力，提升阳气，振奋精神。

2.体育锻炼

动则生阳，阳虚体质之人应加强体育锻炼，宜采取振奋、提升阳气的运动锻炼方式。具体项目可视体力强弱而定，如散步、慢跑、太极拳、五禽戏、八段锦、内养操、工间操、球类活动和各种舞蹈活动等。在运动的同时可结合日光浴、空气浴以强壮卫阳。气功方面，可坚持做强壮功、站桩功、保健功、长寿功等功法。阳虚之人要选择在温暖明媚的天气进行户外锻炼，不宜于阴冷天气或潮湿之地进行长时间的运动锻炼。运动量不宜过大，运动形式不宜过激、过猛，切忌大汗淋漓，否则大汗伤阳，加重阳虚。

3.饮食调养

应多食味甘、辛，性温热，具有温补作用的食品，但注意不要峻补，要缓补；同时注意养阴之品的应用。此外，阳虚之人还应禁食生冷寒凉饮食，以防寒邪益盛，积寒成疾。

食材推荐：肉桂、花椒、丁香、虾、胡桃肉、羊肉、韭菜、辣椒、黄鳝等。适用温补食物有粳米、小麦、洋葱、大蒜、鸡肉、海参、糯米、龙眼、栗子、猪肚等。根据“春夏养阳”的法则，夏日三伏，每伏可食附子粥或羊肉附子汤一次，配合天地阳旺之时，以壮人体之阳。此外，即使盛夏，也不可过食寒凉之物，而生姜、羊肉等温热食物反宜多食，正所谓“冬吃萝卜，夏吃姜”。饮料以白开水为主，不宜饮用凉茶及可乐等碳酸饮料。

羊肉	羊是一种耐寒的动物，因而羊肉味甘、性热，能暖中补虚、开胃健力、补中益气，对于阳气不足所致的四肢冰冷、腹痛腹泻、尿频、阳痿等都有食疗（饮食疗法）改善作用。羊肉含有丰富的蛋白质和多种维生素，它的脂肪不易被人体吸收，所以吃了也不怕长肉
韭菜	*韭菜，又叫“起阳草”，其味甘、辛，性温，归胃、肝经，具有温补肝肾、助阳固精的功效，对阳虚所致的尿频、夜尿多、腰酸腿软及男性阳痿、女性白带多等都有一定的食疗功效 *韭菜含有挥发油成分，有助于疏调肝气，增进食欲，增强消化功能。但阴虚火旺者不宜多吃韭菜
栗子	栗子被称为“干果之王”，是我国的特产。栗子中富含淀粉和糖粉，还含有蛋白质、脂肪、多种维生素及钙、锌等营养素。中医认为，栗子性温、味甘，归脾、胃、肾经，具有养胃健脾、补肾强腰的功效

4. 药物调养

可选用补阳祛寒、温养肝肾之品，常用药物有鹿茸、冬虫夏草、巴戟天、淫羊藿、仙茅、肉苁蓉、补骨脂、胡桃、杜仲、续断、菟丝子等，方药可选用金匮肾气丸、右归丸等。若偏心阳虚者，宜用桂枝甘草汤加肉桂常服，脾阳虚者可通过服用附子理中丸等改善阳虚体质。

【食疗方】

当归生姜羊肉汤，避寒冷、补元阳：羊肉500克，当归20克，姜片30克，盐适量。羊肉洗净，切块，冷水下锅，煮尽血水，捞出冲净。将当归、姜片、羊肉一起放入砂锅中，加适量清水，大火烧开后转小火炖至羊肉熟烂，加盐调味即可。

常吃羊肉可以温中散寒、补元阳，对补充阳气、提高人的身体素质有益；当归具有养血活血的功效，适量食用可促进血液循环，加快人体新陈代谢。

胡萝卜山药粥，补虚提升免疫力：胡萝卜、山药各30克，粳米50克。粳米清洗干净；胡萝卜、山药去皮，洗净，胡萝卜切丁，山药切成薄片。锅中加入适量清水，大火煮开，下入粳米，大火再次煮开，转小火煮至米将熟，下入胡萝卜丁和山药片，煮至米烂，胡萝卜和山药变软熟透为止。

胡萝卜含有丰富的胡萝卜素，能提高人体免疫力。山药补脾养胃，能改善脾阳虚所致的食少、便溏等。

桂圆鹌鹑蛋汤，甜润养阳气：桂圆肉15颗，鹌鹑蛋10个，红枣5颗，莲子10克，枸杞子5克，生姜、火腿各少许。红枣、莲子用开水泡透；枸杞子、桂圆肉洗净；生姜去皮切末；火腿切片。锅内加水，加少许盐，放入鹌鹑蛋，用小火煮熟，捞起冲凉，去壳，然后将准备好的全部食材都放入炖盅内，放盐、冰糖、料酒，注入清汤，加盖，入蒸锅隔水蒸40分钟即成。

痰湿体质

小刘从小就体型肥胖，可妈妈很宠他，想吃什么就买什么，结果导致年龄越大越胖。大学入学体检时，小刘才发现自己已经患上了高血压，体重110千克，不仅如此，化验结果还显示血脂高，才18岁，已经患有代谢综合征，体力也越来越差。

像小刘这样以痰湿凝聚、黏滞重着为特点的体质属于痰湿体质。

痰湿体质的主要特点	身体沉重、头重、四肢微肿、慢性炎症、多眠仍困、疲乏懒惰，喉中痰鸣、胸闷痰多、腹部肥胖、胃肠胀满、排便黏腻较稀，舌淡且胖大，苔白腻，脉滑等
痰湿体质发病倾向	易患肥胖、高脂血症、高血压、多囊卵巢综合征、痰饮、肿胀、泄泻、中风等病，感受邪气易从寒化。耐夏不耐冬，不耐受风、寒、湿邪。肥胖、好酒、喜甜食者多为此种体质类型

【调养方法】

1.精神调养

痰湿体质者气机容易受阻，气机失于条达可见精神抑郁，情绪低落，因此要注重调节心情，调畅情志，以主动积极的心态来面对生活和工作，多与家人和朋友沟通，多聆听欢快、令人愉悦的音乐，多观看喜剧或励志的影视作品等。

2.体育锻炼

痰湿体质者多形体肥胖，身重易倦，建议长期坚持体育锻炼，散步、慢跑、球类、武术、八段锦、五禽戏及各种舞蹈均可选择。活动量应逐渐增强，让疏松的皮肉逐渐转变成结实、致密之肌肉。气功方面，以站桩功、保健功、长寿功为宜。

3.饮食调养

饮食以清淡为主，宜多食用有健脾利湿、化痰泄浊功效的食物。应禁食油腻厚味，辛辣食物或发物。吸烟及喝酒者应力戒烟酒。推荐痰湿体质者可食用健脾利湿、化痰降浊的食物。建议减少对肉类、海鲜等肥甘厚味之品的摄入。

推荐食材有薏苡仁、竹笋、茭白、黄瓜、葫芦、佛手、玉米、赤小豆、绿豆、豌豆、蚕豆、地瓜、茯苓、冬瓜、荷叶等。

红小豆	中医认为，红小豆性平、味甘，归心、小肠、肾、膀胱经，具有利尿解毒、生阴液、消肿止吐等食疗功效。红小豆中富含膳食纤维，能通便、抗癌、预防结石，对“三高”也有控制作用。痰湿体质者一般容易肥胖，可用红小豆煮汤或搭配鲤鱼、乌鸡等煲汤喝，对减肥消脂，控制痰湿症状有益
冬瓜	性凉，味甘、淡，具有利水消痰、清热解毒的功效。对于出现水肿、胀满、痰多、暑热烦闷等表现的湿热体质者再适合不过了
萝卜	味甘、辛，性凉，归肺、胃、大肠经，具有消积化痰、开胃健脾等功效。萝卜中富含钾和维生素 C，能增强机体的免疫功能；含有多种酶类，有一定的抗癌效果；萝卜中含有一种特殊的芥子油，能增加胃肠蠕动，促进消化

4.药物调养

根据中医学理论，痰湿的产生与人体中肺、脾、肾三脏关系最为密切，因此药物调养亦应以调补肺、脾、肾三脏为重点。对因肺失宣降，不能通调水道，体内的津液不能正常输布及排泄，液聚生痰者，应当宣肺化痰，可选用二陈汤；若因脾不健运，不能正常运化水液，导致湿聚成痰者，应健脾化痰，可选用六君子汤或香砂六君子汤。

【食疗方】

冬瓜红豆汤，减轻水肿：冬瓜300克，赤小豆100克，盐适量。冬瓜洗净，切块；红小豆用清水浸泡1小时。将冬瓜、红小豆一起放入锅中，加入适量水，大火煮沸后转小火炖至红小豆熟，加盐调味即成。佐餐食用。

冬瓜和红小豆都具有利小便、祛湿邪、消除肿胀等功效，对痰湿体质者体内的湿邪有改善作用，因而适合痰湿体质见水肿者食用。

荷叶陈皮茶，理气健脾、祛湿化痰：荷叶（干品）15克，陈皮5克。将荷叶、陈皮放入锅中，加入适量水，大火煮沸后转小火煮10分钟，滤去药渣。代茶饮用。陈皮具有理气健脾、燥湿化痰的功效；荷叶具有利水祛湿、减肥轻身的功效。两者搭配，对痰湿型肥胖有改善作用。

常喝普洱茶，健脾养胃、化痰降浊：普洱茶叶适量，用沸水略冲泡，倒掉第一遍茶水，然后再加沸水冲泡5分钟即可。

普洱茶具有化解油腻、消食养胃、化痰降浊、润肠通便等功效，非常适合痰湿体质者食用。普洱茶还具有降低胆固醇及甘油三酯的功效，痰湿体质者经常喝普洱茶，对预防高脂血症、高血压等疾病有益。

白术茯苓薏米粥，运化水湿效果好：薏米100克，白术、茯苓各15克。白术、茯苓洗净，用清水浸泡1小时，加水煎煮，取药汁备用。锅中加入药汁和适量清水，烧开后下入薏米，大火煮开后转小火煮粥，至薏米熟烂即成。

白术、茯苓是两味常用的中药，能够补气健脾，运化水湿，搭配具有健脾利湿功效的薏米，可以改善痰湿体质者的部分症状。

血瘀体质

杨女士，28岁，两颊上有黄褐斑，皮肤粗糙，脸和口唇的颜色偏黯。她的工作不是很累，但眼睛里红丝很多，刷牙时牙龈容易出血。月经经期正常，颜色却偏黯，常有血块。这些，她没放在心上，倒是身上莫名其妙出现的皮肤淤青，逼得她去医院查了血常规、凝血功能，结果一切正常。

像杨女士这样以血液运行不畅、瘀血内阻为特点的体质属于血瘀体质。

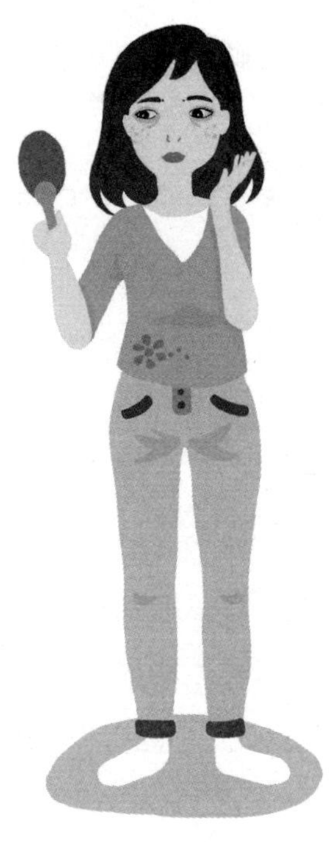

血瘀体质的主要特点	形体多消瘦，面色、肤色黯滞，或面颊部见红丝赤缕，或有红点，肌肤干；发易脱落，眼眶黯黑，鼻部黯滞，口唇色黯淡或紫，舌质黯、有点片状淤斑，脉弦或细涩；女性多见痛经、闭经、或经血中多凝血块，或经色紫黑有块，崩漏等
血瘀体质的发病倾向	易患脑卒中、冠心病、痛经及各种痛证、出血证等，不耐受寒邪

【调养方法】

1.精神调养

血瘀体质之人常出现心烦、焦躁、健忘或抑郁、苦闷、多疑，内心孤独感强烈等。因此，在情志调摄上，应注重培养积极、乐观的生活态度。人精神愉快则气血和调、营卫通利，这有利于改善血瘀体质；反之，若经常出现苦闷、抑郁的情绪，则会加重血瘀倾向。

2.体育锻炼

中医学认为“不通则痛”，血瘀体质之人由于本身有瘀血的存在，会影响全身气的正常运行，常会有身体疼痛。因此，血瘀体质者可加强体育锻炼，通过运动促进气血流通，达到活血化瘀、通经止痛的效果。如各种舞蹈、太极拳、八段锦、站桩功、长寿功、内养操、保健按摩术等均可实施，以全身各部都能活动，以助气血运行为原则。

3.饮食调养

饮食以活血祛瘀、疏利通络为原则，可常食山楂、黑豆、黄豆、香菇、茄子、油菜、芒果、当归、红花、洋葱等有活血祛瘀作用的食物，米酒、黄酒和红酒等低度酒可少量常饮。

黄酒	＊黄酒是我国的特产，由稻米、黍米酿造而成。它的酒精含量低，对人体有很好的保健作用，有“液体蛋糕”之称 ＊黄酒适宜温饮，也可以用来做汤和菜，除了提味、去腥等作用之外，还有舒筋活血、化瘀通络、美容养颜等功效，是不可错过的保健佳品
山楂	山楂含有丰富的碳水化合物、钙、铁、钾、维生素 C 及纤维素等多种营养物质。研究认为，山楂含有黄酮类物质，有改善心肌活力、软化血管的作用，对心血管疾病有一定的预防效果
海带	＊海带有“长寿菜”“含碘冠军”的美称，含碘量高，一般可达 5% 以上，对维护女性卵巢功能、纠正内分泌失调等很有益处。海带中还含有胶质，可以促进体内放射性物质的排出 ＊《本草纲目》中记载海带具有消肿散结、活血化瘀的功效，对预防心血管疾病和癌症有一定效果，血瘀体质者可选择食用

4.药物养生

血瘀体质之人可选用活血化瘀药物，如红花、桃仁、丹参、川芎、当归、三七、续断等。瘀血明显者，可选用四物汤、桃红四物汤等活血化瘀的方剂治疗，如有肢体关节疼痛者，可选用活络效灵丹治疗；胸痹者，可服用丹参滴丸、血府逐瘀胶囊；痛经者可选择少腹逐瘀丸、艾附暖宫丸治疗。

【食疗方】

山楂粥，酸甜可口、活血化瘀：新鲜山楂20～30克，粳米100克。新鲜山楂洗净，去核。粳米淘洗干净，加入适量水煮至半熟，加入山楂肉煮至粥成，佐餐食用。

山楂是药食同源之物，酸甜可口，营养丰富，自古以来就被称为健脾开胃、消食化滞、活血化痰的良药，能入血分而散除郁结，可用于血瘀疼痛。

吃醋也能消食开胃、散瘀活血：血瘀体质者可以适当喝一些醋。中医认为，醋具有消食开胃、散瘀活血的功效。现代研究认为，醋具有保护和软化血管的作用，能降低血脂、血液黏稠度，尤其适合中老年人血瘀体质以及伴有心脑血管疾病倾向者食用。也可以选择水果醋当饮料饮用，如苹果醋、柠檬醋等。

木耳红枣粥，缓解血瘀症状：粳米100克，黑木耳50克，红枣5～6颗。粳米淘洗干净，浸泡30分钟；黑木耳放入温水中泡发，择去蒂，除去杂质，撕成瓣状；红枣洗净去核。将所有材料放入锅内，加水适量用大火烧开，然后转小火炖熟，直至黑木耳软烂、粳米成粥。佐餐食用。

黑木耳有较好的活血化瘀作用，能够有效清除血管壁上的瘀积，搭配具有补益气血功效的红枣，活血化瘀效果更佳。

气郁体质

王女士平素性格内向，情感较为脆弱敏感。遇到事情不喜欢与他人沟通交流，经常自己生闷气。她神情比较抑郁，整个人烦闷不乐、郁郁寡欢。有时会出现胸闷，胸胁部胀痛，这种胀痛位置不固定，是游走性的，经常会牵引到少腹部。月经前乳房胀痛，并有痛经的表现，有时吃完东西也会有腹胀，排气后会感觉舒服一些。

像王女士这样具有气机郁滞，以胀闷、疼痛、情绪抑郁为特点的体质属于气郁体质。

气郁体质的主要特点	形体多消瘦，神情多抑郁，性格多内向、敏感脆弱，经常出现胸胁脘腹等处胀闷疼痛，部位不固定，胀痛可随情绪变化而增减，或随嗳气、矢气、太息等减轻，舌淡红，苔薄白，脉弦
气郁体质的发病倾向	易患乳腺增生、抑郁症、甲状腺结节、焦虑等，女性容易患月经失调等疾病，对精神刺激适应能力较差，不适应阴雨天气

【调养方法】

1.精神调养

气郁体质之人性格多内向，神情常常处于抑郁状态。根据《黄帝内经》“喜胜忧”原则，她们应主动寻求快乐，多参加社会活动、集体文娱活动；经常与家人或朋友聊天、谈心，常看喜剧、滑稽剧，听相声，以及有鼓励、激励作用的影视作品；多听轻松、欢快的音乐以提高情志；多读轻松愉悦的书籍，以培养开朗、豁达的性格。在名利上不计较得失，知足常乐。与他人相处，要宽以待人；遇到问题，不苛责他人，从自身找根源。长此以往，逐渐培养乐观、豁达、宽容的性格，气郁亦可得以改善。

2.体育锻炼

气郁体质者应多参加体育锻炼及旅游活动，以运动身体、调畅气血。旅游时既欣赏了自然美景，调节了精神，呼吸了新鲜空气，又能沐浴阳光，增强身体素质。气功方面，以强壮功、保健功、站桩功为主，着意锻炼呼吸吐纳功法，以开导郁滞。

3.饮食调养

应注重健脾理气、疏肝解郁。多食用一些行气的食物，如佛手、橙子、柑皮、荞麦、茴香、刀豆、香橼、玫瑰花、豆豉、高粱、蘑菇、萝卜、洋葱、苦瓜、丝瓜等。可以少量饮酒，以活血通脉，改善情绪。

玫瑰花	*玫瑰花含有香茅醇、牛儿醇，橙花醇、丁香油酚、苯乙醇等挥发性成分，就是我们常说的玫瑰精油，具有很好的美容和保健功效 *玫瑰花味甘、微苦，性温，归肝、脾经，具有行气解郁、和血止痛的保健功效，适用于肝气不舒所致的胃痛、食少呕恶、月经不调等

续表

橙子	* 橙子发出的芳香气味，也就是精油，含有柠檬烯、柠檬醛、香茅油等成分，具有镇静作用，能舒缓情绪，缓解抑郁，达到振奋精神的效果 * 味甘、酸，性微凉，入肺、脾、胃、肝经，能行气开胃、生津止渴、健脾，适合气郁者常食
洋葱	* 洋葱气味辛辣是由于其中含有精油成分，能刺激消化腺的分泌，增进食欲，还能降低血中的胆固醇水平，可谓好处多多 * 性温，味辛、甘，有行气化痰、利尿、健胃润肠等功能，适合气郁体质者适量食用。人们常吃的洋葱有白皮、黄皮、紫皮三种，其中紫皮的味道更辛辣一些，行气作用更好

4.药物调养

可常以玫瑰花、佛手花等具有解郁作用的花类泡茶。选用香附、乌药、川楝子、小茴香、青皮、郁金等善于疏肝理气解郁的药为主组成方剂调理，中成药宜选用逍遥丸、越鞠丸等。

【食疗方】

玫瑰樱桃粥，行气解郁，缓解紧张情绪：粳米100克，玫瑰花5朵，樱桃10颗，白糖适量。将粳米清洗干净，放入锅中加适量水，用小火熬煮至米烂时加入洗净的玫瑰花、樱桃，继续熬煮20分钟，加白糖调味即成。佐餐食用。

因为玫瑰花有很好的行气解郁作用，所以平时用玫瑰花煮粥，或者用热水泡上几朵代茶饮用，能缓解紧张焦虑的情绪。

枸杞酸枣仁茶，安神助眠，改善记忆力：枸杞子、酸枣仁各10克，冰糖适量。将枸杞子、酸枣仁洗净，一起放入杯中，冲入沸水，加盖闷泡10分钟。加入冰糖代茶饮用。

枸杞子具有滋养肝肾、养血明目的功效；酸枣仁具有滋养心肝、安神助眠的功效。两者搭配，对心肾不交、肝气郁结等引起的失眠、记忆力减退、心烦意乱、神疲乏力等症有缓解作用。

橘子蜂蜜，让心情甜润如蜜：橘子250克，蜂蜜适量。将橘子去皮、去核，橘子果肉放入大碗中研碎，再加入蜂蜜搅拌均匀即成。

橘子具有止咳化痰、健胃、消肿止痛、疏肝理气等多种功效，适量食用能顺气解郁，非常适合气郁体质的人食用。

湿热体质

赵先生是一名电台主持人，平时非常注意自己的衣着形象，但是脸上时不时冒出来的油脂令他特别苦恼，为什么都三十多岁的年纪了，脸上、后背上还是会长很多“痘痘”呢？除了脸上出油、长痘痘之外，赵先生平时总感觉身体发沉，特别容易出汗，口苦口干，小便有灼热感、色黄，大便也不正常，有时便秘，有时黏滞不爽，运动出汗后，很容易把T恤衫染成黄色。

像赵先生这样具有湿热内蕴，以面垢油光、口苦等湿热表现为主要表现的体质属于湿热体质。

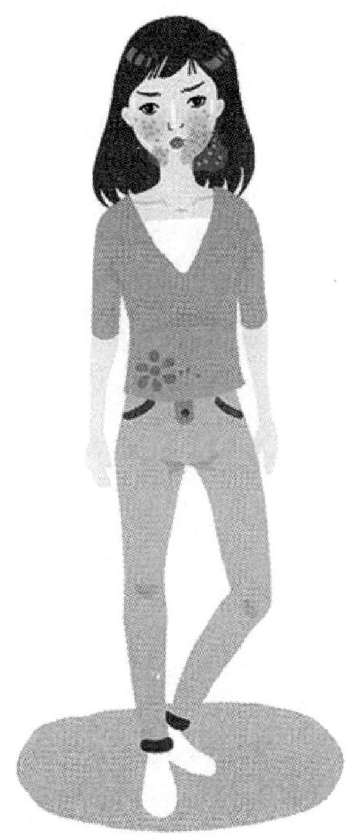

湿热体质的主要特点	面部油亮，口苦口干，口气重，神倦，身体沉重，烦躁易怒，男子可见阴囊潮湿，女子可见带下量多，色黄，大便干或黏滞，小便短赤，舌质偏红，苔黄腻，脉滑数
湿热体质的发病倾向	易患“三高”、肥胖症、痤疮、湿疹、高尿酸血症、黄疸、热淋等病，对夏末秋初的湿热气候或气温偏高的环境较难适应

【调养方法】

1.精神调养

湿热体质之人性格多外向，情绪容易激动，易发怒，好动，不喜静。因此，平日应多加强道德修养和意志锻炼，培养良好的性格，可以经常诵读古代文学经典，聆听古典音乐，陶冶情操，沉静心智。有意识地控制自己，遇到让自己发怒之事时，多用理性克服情感上的冲动。

2.体育锻炼

湿热体质之人应积极参加体育活动，可经常进行大运动量的锻炼，适当汗出可使湿热有外泄之机，游泳锻炼是首选项目，跑步、武术、球类等也可根据爱好选择。

3.饮食调养

饮食以清淡为主，可选择薏米、红小豆、绿豆、大米等清热利湿之品。空心菜、苋菜、芹菜、丝瓜、苦瓜、黄瓜、冬瓜、西瓜、白菜、芹菜、卷心菜、莲藕等也是优选。少食油炸、烧烤及肥甘滋腻、助湿生热的食物。忌辛辣燥烈食物，如辣椒、蒜、姜、葱等。另外，鸡肉、羊肉等温阳食物宜少吃。酒性辛热上行，湿热体质者应忌酒。

薏米	味甘、淡，性微寒，能健脾祛湿、利水消肿、清热排脓，适合体内湿热重的人常食
茯苓	* 茯苓是一种常用中药，其药性平和，能利湿而不伤正气，可作为春夏潮湿季节和湿热体质者的调养佳品 * 味甘、淡，性平，归心、肺、脾、肾经，能利水渗湿、健脾化痰、宁心安神。适用于一般人群，尤宜于水湿内困，有水肿、眩晕心悸、胃口欠佳、大便黏腻不爽，并伴有心神不安、失眠多梦者选用
丝瓜	味甘、性凉，能清热化痰、凉血解毒。湿热体质者夏季尤其难过，湿热的症状较重，特别适合吃丝瓜

4.药物调养

湿热体质之人可用苦丁茶以沸水泡服代茶饮。大便黏滞不爽者可用荷叶、丝瓜络等泡水代茶饮。心烦易怒，口苦目赤者，可遵医嘱服用龙胆泻肝丸进行治疗。

【食疗方】

体内湿热重，多喝龙须茶：夏秋季是吃嫩玉米的季节，很多人都只顾“品尝”嫩玉米的鲜美，却忽略了煮玉米的汤水——龙须茶。在中药学中，玉米须又称“龙须”，具有很好的防病保健作用。在吃玉米时，适量喝一些龙须茶，具有生津止渴、凉血泻热的功效，可以帮去除夏秋季节体内积存的湿热之气。

莲藕鸭肉汤，清补除湿热：莲藕1根，鸭肉200克，姜、盐各适量。莲藕去皮，洗净，切大块；鸭肉切块，冷水下锅煮尽血水，捞出冲净。将鸭肉、莲藕、姜一起放入锅中，大火烧开后转小火炖1小时，加盐调味即成。

莲藕配鸭肉，具有清热凉血、除烦止渴的功效，既能补充营养，又可改善湿热给人体带来的不适。

泥鳅炖豆腐，缓解湿热之毒：泥鳅500克，豆腐250克，盐少许。将泥鳅去腮及内脏，洗净；将豆腐切块。将泥鳅放入锅内，加适量水煮至半熟，然后加入豆腐块炖至熟烂，最后加盐调味即成。佐餐食用。泥鳅具有补益脾肾、利水解毒的功效，豆腐具有清热化痰、润肠通便的功效，两者搭配，具有清热利水、祛除体内湿热之毒的效果，非常适合湿热体质者食用。

特禀体质

小黄是一位活泼开朗的女孩，特别喜欢户外运动，但近几年来由于工作压力大，她的过敏反应越来越严重。开春以后，桃花、杏花等纷纷开放，她便开始打喷嚏、眼睛痒、流眼泪，去医院看了好多次，医生说她过敏了，给她开了缓解眼睛痒的眼药水、滴鼻液，但通常用几天就没效果了。这令她很烦恼。

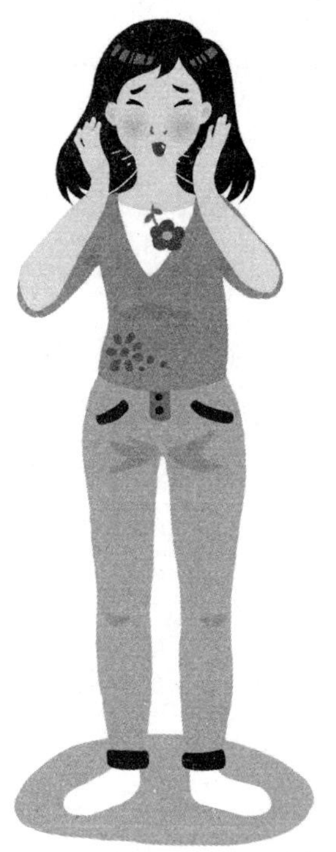

小黄就属于特禀体质中的一种，即过敏体质。这类人群会出现不同程度的过敏症状，并且反复发作，不容易治愈。如果遇到心情不好、压力大等，反应会更加严重。

特禀体质的主要特点	因先天禀赋不足或禀赋遗传等形成的一种特殊体质，他们对外界环境的适应能力较差，常见哮喘、风团、咽痒、鼻塞、喷嚏等
特禀体质的发病倾向	易患支气管哮喘、变应性鼻炎、荨麻疹等疾病

【调养方法】

1.精神调养

特禀体质者常表现出自我封闭、自卑、焦虑、敏感、抑郁等心理反应。因此，在情志调摄上，应注重多与他人交流，常阅读励志书籍，以培养积极向上的人生观。

2.体育锻炼

特禀体质者选择运动项目时要谨慎，如花粉过敏者应避免春季户外长时间运动，紫外线过敏者应避免强光下运动等。

3.饮食调养

过敏体质者应避免食用致敏食物，多食益气固表的食物，饮食宜清淡、均衡；尽可能少吃糖类，避免高油、高热量饮食；不要多吃凉性食物，以免刺激诱发过敏。食物中，常见的过敏原有牛奶、鸡蛋、鱼虾、牛羊肉、海鲜、动物脂肪、坚果类、香油，以及一些蔬菜、水果等，食用时要注意观察，如有过敏现象，就不要再吃了。可选择黄芪、党参、甘草、当归等补益气血的药物来进行养生。

宜吃的食物有糙米、胡萝卜、黄豆、豆制品、苹果、金针菇、红枣等。

红枣	* 新鲜红枣维生素 C 和胡萝卜素的含量高，能调节人体免疫力，减少过敏反应的发生。研究发现，红枣中还含有具有防癌功效的物质。红枣中富含钙、钾、铁等元素，对预防骨质疏松和贫血有益。红枣中含有维生素 E，可以抗氧化，防衰老 * 日常食用量不宜多，每日 5 颗即可
金针菇	* 金针菇中的一些蛋白质具有调节免疫力的作用，对过敏体质者适用 * 赖氨酸的含量特别高，赖氨酸具有促进儿童智力发育的功能，有“增智菇”的美誉。金针菇还能促进人体新陈代谢、降低胆固醇水平，有一定的防病健身效果

续表

胡萝卜	＊胡萝卜中的木质素能调节人体的免疫机制，平衡身体免疫力，对改善过敏症状有益 ＊性平、味甘，具有补肝明目、清热解毒等保健功效

【食疗方】

乌梅固表粥：粳米50克，乌梅12克，当归、黄芪各9克，冰糖适量。将乌梅、当归、黄芪在砂锅中浸泡20分钟，然后加入800毫升清水，大火煮沸后小火煎煮20分钟取药汁。粳米淘洗干净。锅中加入药汁和适量清水，大火烧开后下入粳米，煮沸后转中小火常法煮粥，粥将成时调入冰糖，略煮即成，趁热服食。

乌梅性温、味酸，有敛肺、开胃、生津止渴等功效，有研究表明其有抗过敏的作用，搭配黄芪和当归，能益气养血、固表，过敏体质者可根据自身情况合理选用。

学点心理学，保持好心情

做有主见“不好惹”的人

时代发展飞快，我们周围的诱惑和影响很多。如果不能坚持自己的观点，轻易受到他人言论的左右，那就会觉得困扰不断。工作中也是这样，有了自己的主见，做事情才不会慌，才有条理性和大局观。如果没有主见，口口声声喊着坚持，却容易摇摆不定，最终浪费了好的时机和大好光阴。对于别人的意见，未听之时不应有成见，每个人站的角度不同，着点也不同，多方参考，可以令我们的决定更科学。但有问题的时候不可无主见，坚定自己的想法，能让自己内心更平和、更坚定，困扰也会少很多。

有些人可能会说，我总是没有主见，别人的创意和主意总是比我的高明。那就要逐步锻炼自己的自信和学识了。自信，对于一个人来说十分重要，从自信的人的谈吐中可以感受到人格的魅力。就像雨果在看到夏多布里昂的文章时所说：要么成为夏多布里昂，要么一无所成。这就是雨果作为一个作家的自信，他坚信自己可以成为甚至超过夏多布里昂。

自信如何增长？这也是有技巧的。第一，重复练习，不断提高自己的能力，通过练习来培养自信心。比如说现在十分流行的10 000小时定律，通过对某项领域的专注和学习让自己达到拔尖水平，而这样的方法同样适用于我们培养自信。自信不是自大，也不是盲目的，而是得有底气，不然就会显得很浮夸。通过不断的练习来提高自己的技能，自信就会逐渐增长。第二，个人要有积极的自我认知，学会自我激励。一个人经历了挫折和失败，难免会有懊恼、挫败、消极的心情，这是正常的。但是长期的消极心理对于个人的发展是极为不利的。所以我们要多给自己积极的心理暗示以及向上的自我认知。“我相信我能行，我相信我可以，”通过积极的自我暗示就可以让自己尽快走出消极情绪，建立自信。第三，接纳自己。只有充分接纳自己，才能够获得内心的平静，进而获得自信。在陷入人生低谷时，你更要相信自己，多回忆令你自信、自豪的事情。找到自己的闪光点，多夸奖自己。第四，不要自我贬低，自我贬低就是自我否定，这带给你的影响是消极的。遇到了同样一个难题，如果你拥有自信，那么你比别人成功的概率会大很多。

另外，要学习做一个忍耐有度、坚持原则、生活过得有层次，“不好惹”的家伙。

忍耐有度。观察一下你周围的人，也许会有那么一个便利贴男孩或者女孩，他们总是很暖心，可以给人提供各种便利。你不经意的一个要求，他们都能有求必应，平时那些琐碎的事情都是他们来做，比如复印资料、订个外卖什么的，他们都一应包揽，不用大家费心。即使有时遇到很自私的人，他们也不会计较自己做得多。这样的人虽然人缘好，但却容易给人软弱可欺的印象。生活中应该宽容、礼让，但是不能够毫无底线忍耐无理的要求，一旦超过忍耐的红线，第一时间坚定的拒绝，不给任何人机会。

坚持原则。不论何时都有自己的规划和节奏，任凭世界风雨摇动，我依然是我。提高执行力，任何生活中点点滴滴的小事，都当雷厉风行和严格执行，决定不能容忍任何人打破规划。

生活过得有层次。社会心理学家指出，生活层次感很强的人，在身边的人眼中通常比较有性格。他们对于自己的生活有严格的要求，包括了层次感、仪式性，不会被周边的人或事物带偏。他们只对自己的认知和思想负责，不会像墙头草一样跟着周遭的意见飘摇。即使在纷繁的世界中，他们仍然能保持自我。

后记　调养身和心，开心又健康

心理健康是21世纪健康的主题，与锻炼、饮食、生活规律相比，有一个健康的心理更重要。

正如本书中所论述，长期的不良情绪，会让我们身体的各个系统失去平衡，甚至导致更为严重的疾病。生活中糟心的事数不胜数，总是在意，烦恼就会越积越多，慢慢地就变成了疾病。希望通过本书能够让读者更加关注自己的情绪和身体，也就是身和心同样重要，生活中对身体为我们发出的“信号”多加关注。经过几十万年的进化，我们的身体是非常“聪明”的，经常在需要的时候发出“信号”，告诉我们需要休息，告诉我们需要开心，告诉我们要关注身心，可惜在生活的压力下我们经常首先忽略的就是自己的身心健康。

“养生贵在养神”，中医养生自古以来就非常重视养神，“恬惔虚无，真气从之”“心安而不惧，形劳而不倦，气从以顺，名从其欲”“嗜欲不能劳其目，淫邪不能惑其心，愚智贤不肖，不惧于物”，如果达到这样的境界，就会内心平静，云淡风轻，宠辱不惊。

最后祝愿各位读者学会管理好自己的情绪，始终谦虚，始终豁达，不操闲心，不生闷气，以平常心、以微笑面对人世间的一切，永远保持良好心境，身心健康。

隋华

2020年1月